斎藤 恭一［著］

introduction to
chemical engineering
at work

大学化学から会社化学へ

朝倉書店

イラスト　武曽宏幸

まえがき

2019年11月のある日，新化学技術推進協会が入っているビルの会議室に，大学や大学院で化学を専攻した後，化学会社に入社した若手社員が40名ほど集まった．その会議室で一日中，次の題目で私は講義をした．

「6時間でわかる化学工学の基礎」

午前2時間，午後4時間である．

また，2018年と2019年の12月の初めには，日本化学会主催の「化学技術基礎講座 知っておきたい化学プラントの基本原理，工業化プロセスの要諦を学ぶ―化学技術者のための化学工学―」のトップバッターとして「化学工学の基礎と活用例」という題目で私は80分間の講義をした．幅広い年代からなる60名ほどの参加者は，会社からの「化学工学を勉強してきてください」という指令のもと，私を含めて10名ほどの講師から2日間，背筋を伸ばして座って化学工学を学んだのである．

大学で理学部「化学科」あるいは工学部「応用化学科」を卒業・修了した民間企業の研究者や技術者は，自分が研究した材料や技術を世の中に供給するために，装置を設計する必要に迫られる．装置を製作し，材料を製造して利益を出すわけだ！ 装置設計は専門家（熟練の「化学工学」者）に頼めば済むのではないらしい．私は，会社に勤めたことがないので，その事情を知らない．けれども，そういう状況を私の講義の参加者から，講義後の懇親会で聞いた．

有機化学や無機化学は得意でも，「化学工学」は苦手な人が多い．化学という名がついていても，「化学」と「化学工学」は別物である．だから，多くの企業が給料を払い，その上，旅費も宿泊費も払って，社員に「化学工学」の講義を受けてもらっている．それほどに「化学工学」は重要なのである．研究開発が基礎研究の段階で終わったら会社には利益が出ない．

私は大学時代に応用化学科に入り，途中から化学工学コースに進んだ．学部2年生後期の始まりから3年生後期の終わりまでの1年半,「化学工学」を学んだ．40年以上も前の話である．思い出すと，次のような講義を受けた．

単位操作　1〜3

反応工学　1，2

輸送現象論

物性定数推算法

装置材料

ほかにも，化学工学実験を必修科目として履修し，データをとり，さまざまな計算式を使い，分厚いレポートを何通も提出した．化学工学関連の科目から「化学工学」を，ざっと見積もっても300時間は学んだ．

こうしてようやく修得した「化学工学」を基礎の部分だけでもよいから，6時間で教えてくださいというのは，無茶な話である．しかし，そこをなんとかするのが，頼み込まれて引き受けた私の使命である．化学工学は間口の広い分野だ．

そこで,「化学工学」の速習法を考え出した．チキンラーメンを食べながら学べる「即席化学工学試験」方式である．英語名TOIChE（**T**est **o**f **I**nstant **Ch**emical **E**ngineering）として格調を高めた．項目数20，空欄数48である．TOIChE 48で「トーイチェ・フォーティエイト」と読んでほしい．アイドルグループの名称のようになった．是非ファンになってほしい．

「化学工学」と名乗ると，化学工学専攻でない読者の心に拒否反応が生まれる．そこで,「大学化学」に対抗して「会社化学」という名を考案した．「会社化学」なら使命感も危機感も芽生え，意識改革にもつながる．自分でいうのもなんだが「会社化学」は流行語大賞候補だ！ だからこれ以降は,「化学工学」という名をできるだけ排除し,「会社化学」に置き換える．名を捨てて実をとろう．

野村克也監督が著書『巨人軍論—組織とは，人間とは，伝統とは』(角川oneテーマ21，2006年）の中で，次のように述べている．

> 努力は大切である．
> が，それだけでは大きな成果が得られるとは限らない．
> 肝心なのは，努力の方向性と方法論である．

私はこの野村監督の言葉が大好きで，自分が担当する科目を学生に教えるときに，この言葉を噛みしめてきた．私は~~「化学工学」~~「会社化学」の方向性と方法論をこの本で語る．大学で35年間，働いてきたので，工場に行って化学装置を見学したことはあっても，設計・製作したことはない．さまざまな装置の設計の詳細は会社の先輩に教えてもらってほしい．その手前までなら私は上手に教えることができそうだ．

私は，千葉大学で~~「化学工学」~~「会社化学」の「移動速度論」をベースにした必修科目「微分方程式」を学部2年生に教え，受講生アンケートの結果がよくて，「工学部第2回ベスト・ティーチャー」に選ばれた（2005年）．したがって，私から~~「化学工学」~~「会社化学」を教わるのは得である．「6時間でわかる~~化学工学~~会社化学の基礎」ではないにしても，「読めば必ずわかる~~化学工学~~会社化学」．いや「読み返せばきっとわかる~~化学工学~~会社化学」になるようにこの本を仕上げた．

イラストレーターの武曽宏幸さんが，「会社化学」の理解を助けてくれるすばらしいイラストを描いてくださいました．ありがとうございました．

2022年9月

斎藤恭一

目　　次

本書の構成

問題

- 1「会社化学」の方向性：定量化，大学化学 ≠ 会社化学
- 2「会社化学」の方法論：TOIChE（即席化学工学試験）

解説

3 + 4　移動速度論
- ジワジワ / ドヤドヤ
- 入溜消出，お小遣いの 5 万円どうなった？
- アナロジー
- レイノルズ数

5　総括反応速度論
- 完全混合反応槽
- 押出し流れ管形反応器
- スカスカ / クネクネ

6　異相間物質移動のモデリング
- 境膜
- 物質移動係数

演習

7　拡散方程式
- 豆腐 / スイカの冷やし
- キュウリの塩漬け
- 非定常のジワジワ現象
- 線図の読み取り

8　固定化触媒
- ハイパーボリック関数
- 有効係数
- 反応律速 / 拡散律速

9　汚染水処理
- 吸着平衡
- 物質収支
- 総括吸着速度式
- 数値計算

- 10「会社化学」に必須の会社数学 ≠ 大学数学
- 11「会社化学」で役立つ微分方程式の逆解析

第1章

「会社化学」の方向性

なんのために，何を学ぶのだろうか？ それが方向性である．

『巨人の星』の中で，星一徹は，宵の明星を指差し，息子の飛雄馬に「巨人の大きな星になれ」と言った．方向性を示した感動の場面であった．

化学で済む話：吸着材をつくる経路までなら…

「工学」には，学問を社会に役立てるという使命がある．すると，~~「化学工学」~~「会社化学」の使命は，「化学」によって発見された原理や現象，あるいは発明された材料や技術を，世の中に役立てようと工夫することだ．材料を大量に製造する，あるいは技術を大規模に運営する，そしてそれにかかるお金（コスト）を算定する．これらは，「化学」者ではなく~~「化学工学」~~「会社化学」者の仕事である．

私の研究室が経験した~~「化学工学」~~「会社化学」の仕事の例を示そう．2011年3月11日の東北地方太平洋沖地震に伴って発生した津波が東京電力福島第一原子力発電所（以降，福島第一原発）を襲って電源を喪失させた．冷却水の供給が止まってしまい，3基の原子炉の核燃料がメルトダウンした．その溶融炉心に，丘側から海側へ流れ込んでいた地下水が接触して，放射性物質がわずかながら地下水に溶けて汚染水が発生した．その汚染水の一部は1〜4号機取水路前の港湾に漏れ出し，汚染海水が港湾に滞留することになった（**図1.1**）．

汚染海水中のおもな放射性物質（放射性核種）は，セシウム137（Cs-137）とストロンチウム90（Sr-90）である．それぞれ一価のアルカリ金属イオンと二価のアルカリ土類金属イオンとして溶存している．当時，私たちの研究室では，それまで水中に溶存する有用あるいは有害なイオンを捕捉する吸着材を，

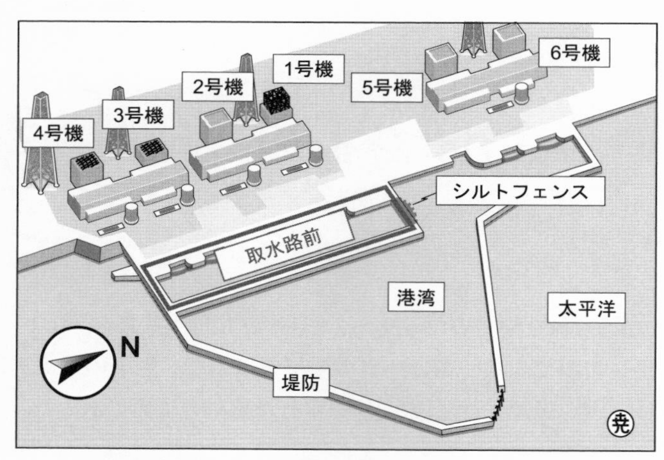

図 1.1 福島第一原発 1～4 号機取水路前の港湾

高分子改質方法の一つである放射線グラフト（接ぎ木）重合法を適用して作製していた．そこで，放射性のセシウムとストロンチウムを海水から吸着除去するための吸着材を作製した．

港湾の汚染海水に浸すことを想定して繊維状の吸着材をつくった．不溶性フェロシアン化コバルト（$K_2Co[Fe(CN)_6]$）というジャングルジムのような結晶構造をもつ無機化合物が結晶内部のカリウムイオンと交換にセシウムイオンを特異的に取り込むという原理を利用することにした．セシウム除去用繊維状吸着材の作製経路を**図 1.2** に示す．

市販のナイロン繊維に放射線を照射してラジカルをつくって，そこからエポキシ基をもつ高分子鎖をグラフトした．そのエポキシ基にトリエチレンジアミン（TEDA）を付加させて陰イオン交換基（プラスの電荷をもつ化学構造）をもつグラフト鎖に変換した．その後，まず，フェロシアン化物イオン（$Fe(CN)_6^{4-}$）を吸着させた．次に，コバルトイオンとの反応によって，グラフト鎖からなる相（グラフト鎖の「森」）の内部でフェロシアン化コバルトを沈殿生成させた．生成した不溶性フェロシアン化コバルト微結晶（溶解度積がきわめて低い，すなわち水にほとんど溶けないので「不溶性」を先頭につけることになっている）はグラフト鎖に多点で絡まれるために，液中に欠落しない．吸着材にとって好

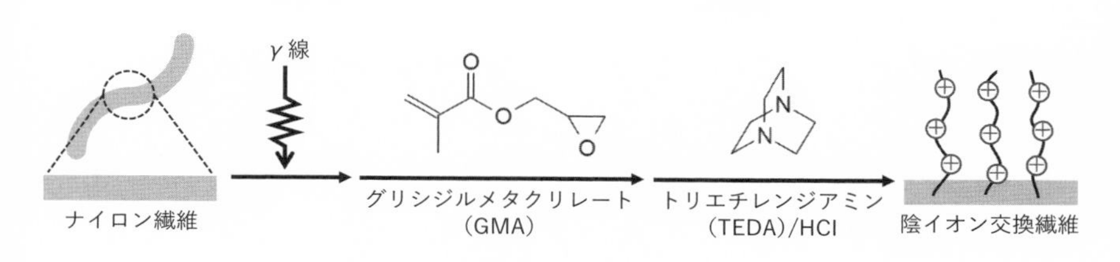

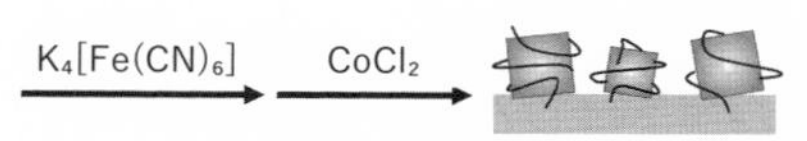

(a) トリエチレンジアミン（TEDA）を固定した陰イオン交換繊維へのフェロシアン化コバルトの担持

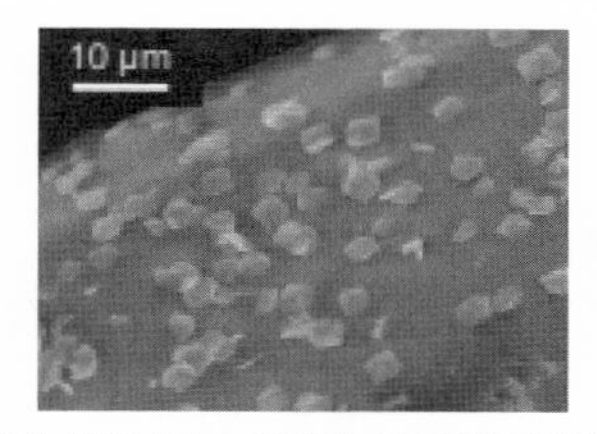

(b) 担持された微結晶の電子顕微鏡像

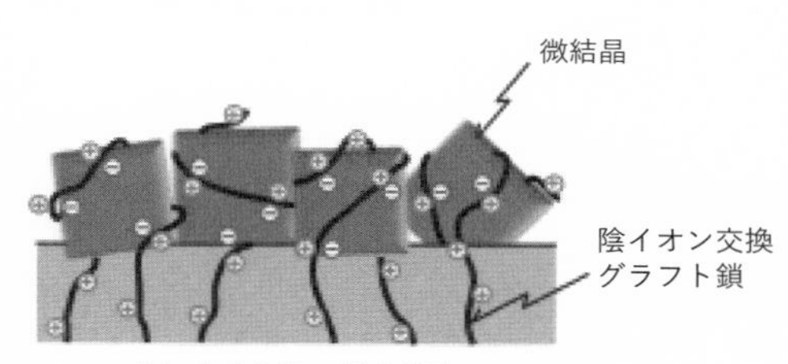

(c) 安定担持の推定構造

図 1.2　セシウム除去用の吸着繊維の作製と構造

都合な現象である．

ここまでの話は，まさに「化学」を総動員している．

放射線グラフト重合法	➡	高分子化学
エポキシ基に TEDA を付加	➡	有機化学
不溶性フェロシアン化コバルト	➡	無機化学
沈殿生成	➡	分析化学
イオン交換	➡	物理化学

「会社化学」が必要とされる場面：吸着材を現場に持ち込むと…

少量の繊維状吸着材なら大学の実験室で作製できる．大学の実験室で作製した繊維状吸着材のレシピをもとにして，私の恩師である須郷高信さんが経営しているベンチャー企業（群馬県高崎市に本社のある（株）環境浄化研究所）の

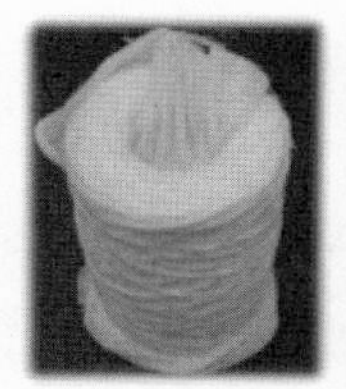

図 1.3 吸着繊維の製造装置

図 1.4 吸着繊維を成型してつくった組み紐と第一原発での試験投入

工場で，セシウム除去用の吸着繊維（不溶性フェロシアン化コバルト担持繊維）を大量製造した．須郷社長は，1980 年代に，ポリエチレン製フィルムを出発材料に採用し，放射線グラフト重合法によってボタン電池用隔膜を開発・実用化した．今回は，ナイロン繊維の集合体であるボビン（**図 1.3**）を出発材料に使って，**図 1.2** に示す作製経路に従い，染色用反応器を改良・設計して製造した．1 回の運転によって不溶性フェロシアン化コバルト担持繊維をボビンで約 100 個分（100 kg）製造できるようにした．

不溶性フェロシアン化コバルト担持繊維のボビンから，組み紐を製作した（**図 1.4**）．この組み紐を汚染海水に浸せば放射性セシウムを吸着除去できる．

放射性セシウムを捕集した繊維は放射能をもつので，貯蔵保管される．

さて，セシウムを除去できる繊維の組み紐を，福島第一原発の除染の現場に持って行ったときに，作業班の班長さんに「その組み紐が放射性セシウムを捕まえることはわかったけれども，この現場に，組み紐を何本，何時間ぐらい浸せば，放射性セシウム濃度を基準値未満に低減できるの？」と問われるだろう．「あなたならどうする」と石田あゆみさんの歌のような状況だ．「私は化学者なので，そのあたりのことは…．でも，待ってください．セシウム水溶液を入れたビーカーに繊維を投入して30分経ったら，セシウム濃度は検出限界以下でした」と答えたとする．そんなことを言ったら，現場の人は呆れて，組み紐を「紙屑みたいに」放り出して帰ってしまうだろう．

除染現場である汚染海水を抱える港湾（**図1.1**）のサイズは，長さ400 m，幅80 m，深さ5 m である．「投入する組み紐の量（本数）と浸漬する時間を教えてください」と問われるのは当然である．そのときに「組み紐120本を5 m間隔で，2日間，浸してください」と言えば，作業班は安心して組み紐を汚染海水に浸してくれるだろう．

そうなのだ！ こうした数字付きの答えを出すのが「会社化学」者である．答えは天から降ってこない．そのときに「会社化学」が頼りになる．しかしながら，「化学」者は「会社化学」のすべてを学ぶ必要はない．On the Job Training でよい．

お金と時間に余裕があるなら，化学会社はエンジニアリング会社に頼めば済む．しかし，当初からエンジニアリング会社に丸投げする余裕はないらしい．装置やシステムの規模の概略ぐらいはできるようにしてほしいのだろう．一方，余裕があったとしても，設計につながる基礎研究の進め方の習得も「化学」者には必要だ．

「会社化学」は「大学化学」とは別物

工学部の応用化学科なら，「化学工学基礎」や「化学工学」といった科目を受講したことがあるはずだ．しかしながら，「化学」の中心ではない科目に真剣には取り組まなかっただろうから，量や時間の問いに答えを出せないと思う．一方，理学部の化学科には「化学工学」という科目はもともとないから，この手の問いには黙ってしまうだろう．

私は次式を提案したことがある．大雑把な会社化学の定義式だ．いや，会社化学の大雑把な定義式だ．

$$\text{「会社化学」} = \text{化学} + \frac{(\text{数学}) + (\text{物理}) + (\text{生物})}{3}$$

生物は使わない場合もあるから，

$$\text{「会社化学」} = \text{化学} + \frac{(\text{数学}) + (\text{物理})}{2}$$

この本ではこれでよい．

数学といっても，大学 1～2 年生の頃に数学科の先生から教わる純粋数学ではない．「会社化学」で必要な数学は，現象を表現するための数学であったり，さまざまな式を解くための数学であったりする．抽象的な話は登場しない．嫌いになる数学ではないと強く言っておきたい．

定量化とは数式にすること

定量化とは，言葉ではなく，式で表すことである．さらに，その式を解いて数値を使って述べることだ．ここで，式とはいっても法則の式ではない．この本で登場する，装置やシステムを設計するための 3 つの基本式は，

物質収支式
総括反応速度式
平衡式

である．

まず，「移動速度論」を演習する第 7 章では，物質収支式と熱収支式を学ぶ．次に，「総括反応速度論」を演習する第 8 章では，真の反応速度式を物質収支式に組み込む．さらに，「異相間物質移動のモデリング」を演習する第 9 章では，物質収支式，総括吸着速度式，そして吸着平衡式を連立して解く．

「化学」者の「会社化学」速習を達成するために，**TOIChE**（「トーイチェ」と読んでほしい）という，TOEIC を真似した名をつけた穴埋め問題をつくった．

TOIChE: **T**est **o**f **I**nstant **Ch**emical **E**ngineering

TOEIC: **T**est **o**f **E**nglish for **I**nternational **C**ommunication

TOIChE をクイズだと思って解いてほしい．**TOIChE** は，TOEIC よりやさしいし，なんといっても読者の給料に直結する．さらに，演習問題も解くので，鉛筆をもってトレースしてほしい．方向性と方法論が正しいとき，「地道な努力が実を結ぶ」のである．

これから，大学で学ぶ「大学化学」と化学会社で必要な「会社化学」との間にある大きなギャップを即席で埋めるために問題集 **TOIChE** に取り組むにあたって，化学工学宣言を提示します．読者は是非，これに賛同してください．

化学工学宣言

「活性炭の表面まで有機物が移動しないと，吸着は起こりません」
「触媒内部の表面まで反応物質が移動しないと，反応は起こりません」
「有機相の界面まで抽出成分が移動しないと，抽出は起こりません」

真の化学反応の前に，物質の移動に時間がかかるのです．
物質移動と反応に関連する「量と時間」を，
式を使って算出する方法論が化学工学です．
そう簡単に修得できるものではありませんが，
何せ工場での装置による製品の生産には不可欠なので，修得します．

第2章

全部で20項目 めくると答え
TOIChE

TOIChE【1】〜【9】問い

【1】物質の移動方法には2つある．濃度の高いほうから低いほうへと「ジワジワ」移動する［　　］移動と，場の流れに乗って「ドヤドヤ」移動する［　　］移動である．

【2】物質を含めて，場の中を移動する対象は3つある．

質量（物質），［　］，［　　　］

それらを代表する物理量は，それぞれ濃度，温度，そして速度である．天気予報に登場する，湿度（晴，曇，雨），気温，そして風速に対応する．

【3】流速と「流束」を区別して使う．流束は英語でflux（フラックス）という．単位面積の「検査面」を単位時間に通過する物理量のことを流束という．物理量が質量であるとき，質量流束（mass flux）である．その単位は［　　］となる．

【4】全質量流束（成分 A の z 方向）N_{Az} は拡散流束 J_{Az} と対流流束の和である．式で表すことにしよう．対流流束とは，成分 A の濃度 C_A が場の流れ（ここでは z 方向の流速 v_z）に乗って運ばれる質量流束のことである．したがって，

$N_{Az} = J_{Az} +$ ［　　］

【5】拡散流束（成分 A の z 方向）J_{Az} を，濃度を使って表した式は，フィック（Fick）の法則と呼ばれる．それは拡散流束が負の濃度勾配に比例するという式であり，そのときの比例定数を拡散係数 D_A という．ここで，濃度勾配とは濃度差をその距離で割った量のことである．したがって，

$J_{Az} =$ ［　　　　］

【6】会社化学の役割の一つは「定量化」である．そのためには数式を使うことになる．その数式の基本は収支式である．収支式をなす 4 つの項は

□項，□項，□項，□項

である．場を移動する対象が 3 つあるので，会社化学で扱う収支式には，物質収支式だけでなく，□収支式，そして□収支式もある．

【7】毎月の小遣いの収支をとるのと同じである．5 万円もらう（入）．卒業生の結婚式に呼ばれたときの準備として 1 万円貯金する（蓄）．なのに，ズボンのポケットに穴が開いていたらしく 5 千円なくした（消）．その月は残り 3 万 5 千円の出費でしのいだ（出）．この月の収支式は，

5 万円（入）−1 万円（蓄）−5 千円（消）＝ 3 万 5 千円（出）

この調子で 4 つの項（流入項，蓄積項，消失項，流出項）で収支式をつくると，

□項 − □項 − □項 ＝ □項

【8】物質収支式の中で，蓄積項がゼロのとき，すなわち，時間が経っても濃度が変化しない状態を□状態と呼ぶ．一方，濃度が時間とともに変化する状態を□状態と呼んでいる．

【9】熱［J］の全流束を全質量流束とのアナロジー（類似）から式で表そう．やはり，拡散流束と対流流束の和で表される．

全質量流束（z 方向） $N_{Az} = J_{Az} + C_A v_z$

単位は［kg/(m^2 s)］である．「成分 A の濃度 C_A［kg/m^3］」を「熱の濃度［J/m^3］」にするには，密度 ρ［kg/m^3］，比熱 C_p［J/(kg ℃)］を□に掛け算すればよい．そうして，

全熱流束（z 方向） $H_z = q_z + \square\, v_z$

もちろん熱流束の単位は［J/(m^2 s)］である．H_z は単位面積の検査面を単位時間に通過する熱量を表している．

TOIChE【1】～【9】答え

【1】物質の移動方法には2つある．濃度の高いほうから低いほうへと「ジワジワ」移動する 拡散 移動と，場の流れに乗って「ドヤドヤ」移動する 対流 移動である．

【2】物質を含めて，場の中を移動する対象は3つある．

質量（物質），熱，運動量

それらを代表する物理量は，それぞれ濃度，温度，そして速度である．天気予報に登場する，湿度（晴，曇，雨），気温，そして風速に対応する．

【3】流速と「流束」を区別して使う．流束は英語でflux（フラックス）という．単位面積の「検査面」を単位時間に通過する物理量のことを流束という．物理量が質量であるとき，質量流束（mass flux）である．その単位は $\dfrac{\mathrm{kg}}{\mathrm{m^2\,s}}$ となる．

【4】全質量流束（成分 A の z 方向）N_{Az} は拡散流束 J_{Az} と対流流束の和である．式で表すことにしよう．対流流束とは，成分 A の濃度 C_A が場の流れ(ここでは z 方向の流速 v_z)に乗って運ばれる質量流束のことである．したがって，

$$N_{Az} = J_{Az} + \boxed{C_A v_z}$$

【5】拡散流束（成分 A の z 方向）J_{Az} を，濃度を使って表した式は，フィック（Fick）の法則と呼ばれる．それは拡散流束が負の濃度勾配に比例するという式であり，そのときの比例定数を拡散係数 D_A という．ここで，濃度勾配とは濃度差をその距離で割った量のことである．したがって，

$$J_{Az} = \boxed{-D_A \frac{\partial C_A}{\partial z}}$$

【6】会社化学の役割の一つは「定量化」である．そのためには数式を使うことになる．その数式の基本は収支式である．収支式をなす 4 つの項は

　　流入 項，蓄積 項，消失 項，流出 項

である．場を移動する対象が 3 つあるので，会社化学で扱う収支式には，物質収支式だけでなく，熱 収支式，そして 運動量 収支式もある．

【7】毎月の小遣いの収支をとるのと同じである．5 万円もらう（入）．卒業生の結婚式に呼ばれたときの準備として 1 万円貯金する（蓄）．なのに，ズボンのポケットに穴が開いていたらしく 5 千円なくした（消）．その月は残り 3 万 5 千円の出費でしのいだ（出）．この月の収支式は，

　　5 万円（入）− 1 万円（蓄）− 5 千円（消）＝ 3 万 5 千円（出）

この調子で 4 つの項（流入項，蓄積項，消失項，流出項）で収支式をつくると，

　　流入 項 − 蓄積 項 − 消失 項 ＝ 流出 項

【8】物質収支式の中で，蓄積項がゼロのとき，すなわち，時間が経っても濃度が変化しない状態を 定常 状態と呼ぶ．一方，濃度が時間とともに変化する状態を 非定常 状態と呼んでいる．

【9】熱［J］の全流束を全質量流束とのアナロジー（類似）から式で表そう．やはり，拡散流束と対流流束の和で表される．

　　全質量流束（z 方向）　$N_{Az} = J_{Az} + C_A v_z$

単位は［kg/(m^2 s)］である．「成分 A の濃度 C_A［kg/m^3］」を「熱の濃度［J/m^3］」にするには，密度 ρ［kg/m^3］，比熱 C_p［J/(kg ℃)］を 温度 T に掛け算すればよい．そうして，

　　全熱流束（z 方向）　$H_z = q_z + \boxed{\rho C_p T}\, v_z$

もちろん熱流束の単位は［J/(m^2 s)］である．H_z は単位面積の検査面を単位時間に通過する熱量を表している．

TOIChE【10】～【14】問い

【10】質量の拡散流束 J_{Az} を濃度で表すためにフィックの法則があったように，熱の拡散流束 q_z を表すためにフーリエ（Fourier）の法則がある．

フィックの法則：　$J_{Az} = -D_A \dfrac{\partial C_A}{\partial z}$

フーリエの法則：　$q_z = -k$ □

ここで，熱の拡散流束と負の温度勾配の比例関係をつなげる比例定数を熱伝導度 k と呼ぶ．

【11】運動量［kg m/s］の全流束を全質量流束とのアナロジー（類似）から式で表そう．やはり，拡散流束と対流流束の和で表される．

全質量流束（z 方向）　$N_{Az} = J_{Az} + C_A v_z$

単位は［kg/(m^2 s)］である．「成分 A の濃度 C_A[kg/m^3]」を「運動量の濃度［(kg m/s)/m^3]」にするには，密度 ρ[kg/m^3］を □ に掛け算すればよい．そうして，

全運動量流束（v_x の z 方向）　$M_{xz} = \tau_{xz} +$ □ v_z

もちろん単位は[(kg m/s)/(m^2 s)]で，この単位は組み直すと[(kg m/s^2)/m^2]となる．これは圧力の単位だ．運動量流束の正体は圧力だった．

【12】J_{Az} を濃度で表すためにフィックの法則が，q_z を表すためにフーリエの法則があったように，τ_{xz} を表すためにニュートン(Newton)の法則がある．

フィックの法則：　$J_{Az} = -D_A \dfrac{\partial C_A}{\partial z}$

フーリエの法則：　$q_z = -k \dfrac{\partial T}{\partial z}$

ニュートンの法則：　$\tau_{xz} = -\mu$ □

ここで，運動量の拡散流束 τ_{xz} と負の速度勾配の比例関係をつなげる比例定数を粘度 μ と呼ぶ．

【13】無次元数は覚えなくても，自力でつくることができる．そうなると，物理的意味（physical meaning）もわかる．会社化学で初めに習う無次元

数レイノルズ数（Reynolds number）をつくってみる．全運動量流束からつくる．

$$M_{xz}=-\mu\frac{\partial v_x}{\partial z}+\rho v_x v_z$$

第2項（対流流束）の第1項（拡散流束）に対する絶対値の比がレイノルズ数である．

$$\frac{|\rho v_x v_z|}{\left|-\mu\frac{\partial v_x}{\partial z}\right|}$$

ここに，速度の代表値として U（例えば，線速），長さの代表値として d（例えば，管径）をこの式に代入すると，

$$\text{レイノルズ数}=\frac{\boxed{}}{\boxed{}}=\frac{\rho Ud}{\mu}$$

レイノルズ数2100～2500を境にして，それより小さいなら層流，大きいなら乱流であると流れの様子を判定できる．

【14】「完全混合回分式反応槽」（容積 V［m^3］）内で液中の成分 A が一次反応によって消失する．このとき，成分 A の濃度 C_A の時間変化を表すために，槽全体で物質収支式を書きなさい．ただし，反応速度定数を k_1［1/s］とする．これは非定常状態の解析の典型例である．

［入：　　］－［溜：　　　　　］－［消：　　　］＝［出：　　］

変形すると，

$$-(C_A|_{t+\Delta t}-C_A|_t)V=k_1C_AV\Delta t$$

「微分コンシャス」して，

［　　］＝［　　　］

これは物理化学の「反応速度論」で習う一次反応式と同じ形である．しかし，それとは違い，これは物質収支式である．「槽内の濃度を一様」とモデリングしている．

TOIChE【10】〜【14】答え

【10】質量の拡散流束J_{Az}を濃度で表すためにフィックの法則があったように，熱の拡散流束q_zを表すためにフーリエ（Fourier）の法則がある．

フィックの法則：　$J_{Az} = -D_A \dfrac{\partial C_A}{\partial z}$

フーリエの法則：　$q_z = -k \boxed{\dfrac{\partial T}{\partial z}}$

ここで，熱の拡散流束と負の温度勾配の比例関係をつなげる比例定数を熱伝導度kと呼ぶ．

【11】運動量［kg m/s］の全流束を全質量流束とのアナロジー（類似）から式で表そう．やはり，拡散流束と対流流束の和で表される．

全質量流束（z方向）　$N_{Az} = J_{Az} + C_A v_z$

単位は［kg/(m^2 s)］である．「成分Aの濃度C_A[kg/m^3]」を「運動量の濃度［(kg m/s)/m^3]」にするには，密度ρ[kg/m^3]を$\boxed{\text{速度 } v_x}$に掛け算すればよい．そうして，

全運動量流束（v_xのz方向）　$M_{xz} = \tau_{xz} + \boxed{\rho v_x}\, v_z$

もちろん単位は[(kg m/s)/(m^2 s)]で，この単位は組み直すと[(kg m/s^2)/m^2]となる．これは圧力の単位だ．運動量流束の正体は圧力だった．

【12】J_{Az}を濃度で表すためにフィックの法則が，q_zを表すためにフーリエの法則があったように，τ_{xz}を表すためにニュートン(Newton)の法則がある．

フィックの法則：　$J_{Az} = -D_A \dfrac{\partial C_A}{\partial z}$

フーリエの法則：　$q_z = -k \dfrac{\partial T}{\partial z}$

ニュートンの法則：　$\tau_{xz} = -\mu \boxed{\dfrac{\partial v_x}{\partial z}}$

ここで，運動量の拡散流束τ_{xz}と負の速度勾配の比例関係をつなげる比例定数を粘度μと呼ぶ．

【13】無次元数は覚えなくても，自力でつくることができる．そうなると，物理的意味（physical meaning）もわかる．会社化学で初めに習う無次元

数レイノルズ数（Reynolds number）をつくってみる．全運動量流束からつくる．

$$M_{xz} = -\mu \frac{\partial v_x}{\partial z} + \rho v_x v_z$$

第2項（対流流束）の第1項（拡散流束）に対する絶対値の比がレイノルズ数である．

$$\frac{|\rho v_x v_z|}{\left|-\mu \frac{\partial v_x}{\partial z}\right|}$$

ここに，速度の代表値として U（例えば，線速），長さの代表値として d（例えば，管径）をこの式に代入すると，

$$\text{レイノルズ数} = \frac{\boxed{\rho UU}}{\boxed{\mu \frac{U}{d}}} = \frac{\rho Ud}{\mu}$$

レイノルズ数2100～2500を境にして，それより小さいなら層流，大きいなら乱流であると流れの様子を判定できる．

【14】「完全混合回分式反応槽」（容積 V［m^3］）内で液中の成分 A が一次反応によって消失する．このとき，成分 A の濃度 C_A の時間変化を表すために，槽全体で物質収支式を書きなさい．ただし，反応速度定数を k_1［1/s］とする．これは非定常状態の解析の典型例である．

$$\boxed{\text{入：ゼロ}} - \boxed{\text{溜：}(C_A|_{t+\Delta t} - C_A|_t)V} - \boxed{\text{消：}k_1 C_A V \Delta t} = \boxed{\text{出：ゼロ}}$$

変形すると，

$$-(C_A|_{t+\Delta t} - C_A|_t)V = k_1 C_A V \Delta t$$

「微分コンシャス」して，

$$\boxed{\frac{\partial C_A}{\partial t}} = \boxed{-k_1 C_A}$$

これは物理化学の「反応速度論」で習う一次反応式と同じ形である．しかし，それとは違い，これは物質収支式である．「槽内の濃度を一様」とモデリングしている．

TOIChE【15】～【20】問い

【15】「押出し流れ管型反応器」(管径 d［m］)の管内壁に塗られた触媒によって成分 A が一次反応で消失する．定常状態に達しているとして，成分 A の濃度 C_A の管長さ方向の分布を表すために，管長さ方向の微小区間（Δz）で物質収支式を書きなさい．ただし，流量を F［m^3/s］，反応速度定数を k_{S1}［m/s］とする．これは定常状態の解析の典型例である．

入：［　　］ − 溜：［　　］ − 消：［　　］ ＝ 出：［　　］

変形すると，

$$-(\pi d\Delta z)k_{S1}C_A = F(C_A|_{z+\Delta z} - C_A|_z)$$

「微分コンシャス」して

$$\frac{F}{\pi d}\boxed{} = \boxed{}$$

「管断面での速度が一様（管内をコルク栓が動くようなのでplug flowと呼ぶ)」という流れを仮定している．

【16】 空孔度 ε (「スカスカ」度，$\varepsilon<1$)，屈曲度 τ (「クネクネ」度，$\tau>1$）をもつ粒子状の多孔性担体に触媒が担持されている．粒子内部へ成分 A が拡散しながら，内部孔表面に担持された触媒と出会って反応する．このとき，触媒内の A の拡散流束（触媒内の単位面積の検査面を単位時間に通過する A の量）を J_{Ar} とおき，フィックの法則によって表すと，

$$J_{Ar} = -D_{Ae}\frac{\partial C_A}{\partial r}$$

ここで，D_{Ae} は有効拡散係数と呼ぶ．D_{Ae} は空孔度 ε と屈曲度 τ を使うと，次式で表される．

$$D_{Ae} = \boxed{}\, D_A$$

【17】 吸着にしても触媒反応にしても，多孔性吸着材や多孔性触媒の内部表面で起きる．したがって，その表面積［m^2］が重要になる．その性能は吸着材や触媒の重量［kg］あたりの値で評価される．そうなると，重量あたりに吸着材や触媒が有する表面積がさらに大切である．この値を［　　］と呼ぶ．その単位は［m^2/kg］である．

【18】モデリングをするとき，まず初めに，集中モデルと分布モデルのどちらかを選択する．直角座標系なら，濃度は一般には

$$C_A = \mathrm{function}(t, x, y, z)$$

と表記される．時間（t）で変化しつつ，空間（x, y, z）で分布する．このままでは，たいへん複雑なので困ってしまう．そこで，空間分布を平均化して濃度を「点」として収支式を立てようとするのが集中モデルである．一方，一方向でもよいから空間分布を考慮して収支式を立てようとするのが分布モデルである．

例えば，TOIChE【14】は $C_A = \mathrm{function}(t)$ とおいた□モデル，得られた収支式は時間に関する□微分方程式となる．【15】は $C_A = \mathrm{function}(z)$ とおいた□モデル，得られた収支式は長さ方向 z に関する□微分方程式となる．なお，分布モデルで，$C_A = \mathrm{function}(t, x, y, z)$ のうち，右辺の 2 つ以上の変数を採用すると，偏微分方程式が得られる．

【19】真冬には，風呂の湯の温度を 42°C に設定する．体が温まるからである．私の体温が 36.5°C なので，お湯に浸かったとたんに熱が体に伝わって体温が 42°C になったらたいへんだ．体温を急激に上昇させないのは「境膜」のおかげだ．お湯の本体と皮膚表面との間にある，温度差をもつ層が境膜だ．熱いお湯でも，じーっとしていると，境膜が厚いため□が小さく，熱流束が小さいので，長い間でも湯に入っていられる．一方，熱いお湯をかき混ぜると，境膜が薄くなるため□が大きく，熱流束が大きくなるので，湯に入っていられない．

【20】吸着材（固体）と水（液体）との界面で吸着が起きるとき，油（液体）と水（液体）との界面で抽出が起きるとき，界面で移動する成分 A の物質移動流束 N_A を，液本体（バルク，bulk）での濃度 C_A と界面（インターフェイス，interface）での液側濃度 C_{Ai} の差に比例するとして定式化する．このときの比例定数を物質移動係数 k と呼ぶ．よって，k の単位を求めると□となる．

$$N_A = k(C_A - C_{Ai})$$

TOIChE【15】～【20】答え

【15】「押出し流れ管型反応器」(管径 d [m]) の管内壁に塗られた触媒によって成分 A が一次反応で消失する．定常状態に達しているとして，成分 A の濃度 C_A の管長さ方向の分布を表すために，管長さ方向の微小区間 (Δz) で物質収支式を書きなさい．ただし，流量を F [m^3/s]，反応速度定数を k_{S1} [m/s] とする．これは定常状態の解析の典型例である．

$$\boxed{入：FC_A|_z} - \boxed{溜：ゼロ} - \boxed{消：(\pi \mathrm{d}\Delta z) k_{S1} C_A} = \boxed{出：FC_A|_{z+\Delta z}}$$

変形すると，

$$-(\pi \mathrm{d}\Delta z) k_{S1} C_A = F(C_A|_{z+\Delta z} - C_A|_z)$$

「微分コンシャス」して

$$\frac{F}{\pi \mathrm{d}} \boxed{\frac{\partial C_A}{\partial z}} = \boxed{-k_{S1} C_A}$$

「管断面での速度が一様（管内をコルク栓が動くようなので plug flow と呼ぶ)」という流れを仮定している．

【16】 空孔度 ε (「スカスカ」度，$\varepsilon < 1$)，屈曲度 τ (「クネクネ」度，$\tau > 1$) をもつ粒子状の多孔性担体に触媒が担持されている．粒子内部へ成分 A が拡散しながら，内部孔表面に担持された触媒と出会って反応する．このとき，触媒内の A の拡散流束（触媒内の単位面積の検査面を単位時間に通過する A の量）を J_{Ar} とおき，フィックの法則によって表すと，

$$J_{Ar} = -D_{Ae} \frac{\partial C_A}{\partial r}$$

ここで，D_{Ae} は有効拡散係数と呼ぶ．D_{Ae} は空孔度 ε と屈曲度 τ を使うと，次式で表される．

$$D_{Ae} = \boxed{\frac{\varepsilon}{\tau}} D_A$$

【17】 吸着にしても触媒反応にしても，多孔性吸着材や多孔性触媒の内部表面で起きる．したがって，その表面積 [m^2] が重要になる．その性能は吸着材や触媒の重量 [kg] あたりの値で評価される．そうなると，重量あたりに吸着材や触媒が有する表面積がさらに大切である．この値を $\boxed{\text{比表面積}}$ と呼ぶ．その単位は [m^2/kg] である．

【18】 モデリングをするとき，まず初めに，集中モデルと分布モデルのどちらかを選択する．直角座標系なら，濃度は一般には

$$C_A = \mathrm{function}(t, x, y, z)$$

と表記される．時間 (t) で変化しつつ，空間 (x, y, z) で分布する．このままでは，たいへん複雑なので困ってしまう．そこで，空間分布を平均化して濃度を「点」として収支式を立てようとするのが集中モデルである．一方，一方向でもよいから空間分布を考慮して収支式を立てようとするのが分布モデルである．

例えば，TOIChE【14】は $C_A = \mathrm{function}(t)$ とおいた 集中 モデル，得られた収支式は時間に関する 常 微分方程式となる．【15】は $C_A = \mathrm{function}(z)$ とおいた 分布 モデル，得られた収支式は長さ方向 z に関する 常 微分方程式となる．なお，分布モデルで，$C_A = \mathrm{function}(t, x, y, z)$ のうち，右辺の2つ以上の変数を採用すると，偏微分方程式が得られる．

【19】 真冬には，風呂の湯の温度を42℃に設定する．体が温まるからである．私の体温が36.5℃なので，お湯に浸かったとたんに熱が体に伝わって体温が42℃になったらたいへんだ．体温を急激に上昇させないのは「境膜」のおかげだ．お湯の本体と皮膚表面との間にある，温度差をもつ層が境膜だ．熱いお湯でも，じーっとしていると，境膜が厚いため 温度勾配 が小さく，熱流束が小さいので，長い間でも湯に入っていられる．一方，熱いお湯をかき混ぜると，境膜が薄くなるため 温度勾配 が大きく，熱流束が大きくなるので，湯に入っていられない．

【20】 吸着材（固体）と水（液体）との界面で吸着が起きるとき，油（液体）と水（液体）との界面で抽出が起きるとき，界面で移動する成分 A の物質移動流束 N_A を，液本体（バルク，bulk）での濃度 C_A と界面（インターフェイス，interface）での液側濃度 C_{Ai} の差に比例するとして定式化する．このときの比例定数を物質移動係数 k と呼ぶ．よって，k の単位を求めると m/s となる．

$$N_A = k(C_A - C_{Ai})$$

第3章

TOIChE【1】〜【8】の解説 「会社化学」の方法論 その1 移動速度論（1）

どのようにして学ぶのだろうか？ それが方法論である．

『巨人の星』の中で，星一徹は，息子の星飛雄馬に，筋力増強のための道具として「大リーグボール養成ギプス」をつくって与えた（**図3.1**）．練習法（方法論）の一つを教えたのだ．

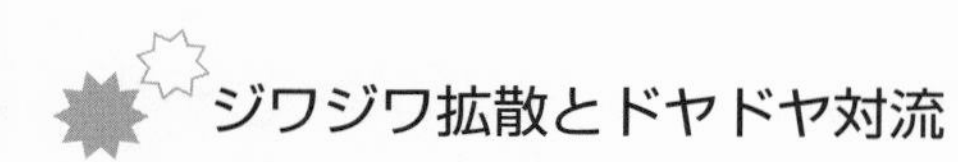

ジワジワ拡散とドヤドヤ対流

TOIChE【1】

物質の移動方法には2つある．濃度の高いほうから低いほうへと「ジワジワ」移動する□移動と，場の流れに乗って「ドヤドヤ」移動する□移動である．

図3.1　TOIChE＝大リーグボール養成ギプス

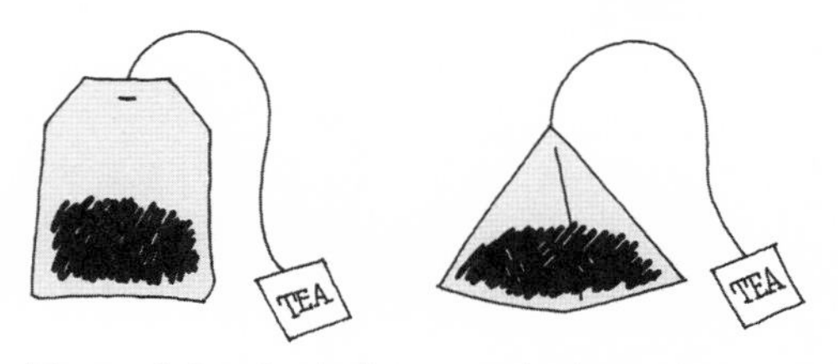

図 3.2　「ジワジワ」&「ドヤドヤ」で紅茶の色を出す

紅茶のティーバッグには平たい袋（長方形型）だけでなく，ピラミッド袋（テトラ型）がある（**図 3.2**）（日本茶のティーバッグは平たい袋がいまでも多い）．まず，白磁のティーカップに入れたお湯に，メッシュピラミッド袋についている紐を持って，袋をそぉーっとお湯に浸す．すると，袋の周辺が「ジワジワ」と紅茶の色に変わっていく．次に，袋の紐をお湯の中でぶらぶら上下に揺らすと，あっという間にカップ全体が紅茶の色になる．観察してみると，紐を揺らすと網目からピラミッド袋の中にお湯が「ドヤドヤ」と流入して紅茶の葉が袋の内側で跳ねている．

「ジワジワ」はよく耳にする ABAB 型の擬態語（状態を描く言葉）である．「ドヤドヤ」は「ジワジワ」への対抗上，採用した．ほかに現象を表すぴったりの言葉がない．「ジワジワ」は全体の流れ（ここでは，お湯の流れ）がなくても，物質（ここでは，茶葉の中で紅茶の色を出す成分）の濃いほうから薄いほうへ移動する現象だ．**物質（溶質）が濃度の高いほうから低いほうへと溶液中を移動する現象を「拡散移動」と呼び，これに対して，物質の濃度に関係なく，全体の流れに乗って物質が移動する現象を「対流移動」と呼ぶ**．なお，英語では「拡散」と「対流」はそれぞれ diffusion と convection という．

世の中では，流れがあろうがなかろうが，広がることを「拡散」といっている．しかし，会社化学では，「ジワジワ」拡散での広がりと「ドヤドヤ」対流での広がりを区別する．もちろん，両方が同時に起きている場合も多い．全体の流れが速いときには「ドヤドヤ」が全体を支配する．一方，全体の流れがない，例えば，固体中では「ジワジワ」が全体を支配する．

TOIChE【1】答え

物質の移動方法には2つある．濃度の高いほうから低いほうへと「ジワジワ」移動する［拡散］移動と，場の流れに乗って「ドヤドヤ」移動する［対流］移動である．

マヒモの共演の結果が天気

TOIChE【2】

物質を含めて，場の中を移動する対象は3つある．

質量（物質），［　　］，［　　］

それらを代表する物理量は，それぞれ濃度，温度，そして速度である．天気予報に登場する，湿度（晴，曇，雨），気温，そして風速に対応する．

「風呂場」「調理場」「酒場」「稽古場」などは身の回りの「場」,「電場」や「磁場」は物理学で扱う「場」である．ある目的をもつ範囲に空間を限ったときに「場」というのだろう．そして，その場に座標軸を設定して時計も取りつける（**図 3.3**）．座標軸は，直角座標 (x, y, z)，円柱座標 (r, θ, z)，あるいは球座標 (r, θ, ϕ) の中から現象の描写に都合がよい座標を選ぶ．

風呂上がりに，ドライヤーを使って髪を乾かすことがある（**図 3.4**）．翌朝，目覚めて鏡の前でボサボサな髪を直すのが面倒なら，前夜の風呂上がりに髪を乾かしておいたほうがよい．ドライヤーのスイッチを“HOT”にすると，ドライヤーの先から熱風が音を立てて吹き出す．そのとたんに，さまざまな「モ

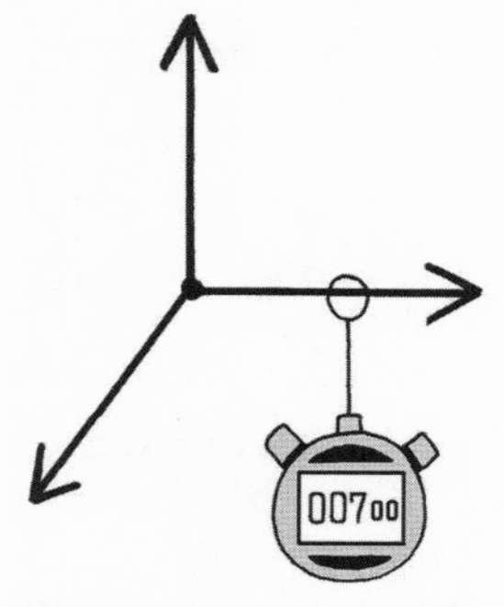

図 3.3　時計付きの座標軸

図 3.4　身近なマヒモ共演 その1 ドライヤー

図 3.5　身近なマヒモ共演 その 2 洗濯機

ノ」が動き出す．まず，「質量（ここでは，水）」が髪の毛から離れる．次に，「熱」だ．髪の毛から水分を蒸発させるには蒸発熱が必要だ．“HOT” なら簡単にその熱を供給できる．さらに，「運動量」．髪の毛の間を熱風は通過しながら，髪の毛に熱を伝え，水分を飛ばし，外へ運び出している．

ここで，「風速」が移動していると言うと，しっくりこない．ここは「運動量」すなわち，気体の質量に速度を掛けた量と受け止めてもらいたい．こうしておくと，後々，便利なのだ．このように，**質量（水），熱，そして運動量が同時に「髪の毛の森」の内部で移動している．**

洗濯中に，洗濯機の蓋を開けて，上から中の様子を観察しよう．自宅の洗濯機は 15 年物の白物家電である．最近の洗濯機は，衣類の投入口が斜めの機種もあるから，洗濯の途中で蓋が開けられないかもしれない．しかし，洗剤を入れた水中で洗濯物が洗濯槽内を回っているのは覗けるだろう（**図 3.5**）．

冬の寒い日曜日，洗濯をすることにした．昨夜のお風呂の残り湯を使おう．水道水よりも温かい．パンツやシャツの汚れを落とすための洗剤が温かい水に溶けて泡を立てて洗濯槽内を移動している．温かい水は洗濯槽内を強い水流となってぐるぐる回っている．洗剤に剝がされた汚れは水中に放り出される．そのうちに水温は下がってくる．このように，**質量（洗剤や汚れ），熱，そして運動量が同時に洗濯槽内で移動している．**

ニュース報道の最後になると，天気予報の時間だ．「明日は朝から晴，気温も今日より2℃高くなるでしょう．北東の弱い風が吹くでしょう」．明日は，出張だ！ 雨の支度は要らない．よかった．質量（指標：湿度），熱（指標：気温），そして運動量（指標：風の速さと向き）が同時に大気中で移動している．濃度，温度，そして速度の空間分布の時間変化を伝えているのが天気予報である．

というわけで，髪の内部でも，洗濯槽の内部でも，大気の内部でも，質量，熱，そして運動量が複雑に同時に移動している．**質量，熱，そして運動量は，英語でそれぞれ mass，heat，そして momentum という．そこで，先頭から2文字ずつとって mahemo（マヒモ）と，この本では覚えよう**．昔は「マヘモ」と呼んでいたが，先輩の先生から「he は He is a boy. のように，『ヘ』ではなく『ヒ』と読むだろう！」と言われたので，非を認めた．モーメンタム（momentum）はモーメント（長さ×力）とは違うし，メンソレータム（塗り薬）とはもっと違う．

マヒモがさまざまな場内を移動した結果として，場で観察される値が，濃度，温度，そして速度である．それぞれ，concentration，temperature，そして velocity が英語名である．英語名は，式の記号の意味を知る助けとなるので覚えたほうがよい．

TOIChE【2】答え

物質を含めて，場の中を移動する対象は3つある．

質量（物質），熱，運動量

それらを代表する物理量は，それぞれ濃度，温度，そして速度である．天気予報に登場する，湿度（晴，曇，雨），気温，そして風速に対応する．

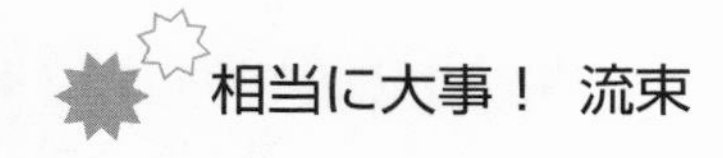

相当に大事！ 流束

TOIChE【3】

流速と「流束」を区別して使う．流束は英語で flux（フラックス）という．単位面積の「検査面」を単位時間に通過する物理量のことを流束という．物理量が

質量であるとき，質量流束（mass flux）である．その単位は［　　］となる．

さて，場を解析・表現するために必須の物理量がここで登場する．それは「流束」（「りゅうそく」と読む）である．読み方は同じでも「流速」とは違う．流束は英語で flux という．fl が先頭につく英単語は「流れ」に関連していて，**fl**ow（流れ），**fl**uid（流体），**fl**uent（流暢な），**fl**u（流行性感冒，インフルエンザ）がある．流束の定義は次のとおり．

$$\text{流束} = \frac{\text{ある物理量}}{(\text{面積}) \times (\text{時間})} \qquad (3.1)$$

ある物理量を，通過する面積と通過にかかる時間で割ると，流束を算出できる．

私が流束を実感できるのは，小さい頃，縁日に神社の参道に並んだ店で立ち寄った「金魚掬い」だ．直径 10 cm 弱の針金でつくったリングの内側に，薄い紙が張ってあった．何度も水槽に浸して金魚を掬っているうちに紙が破れ，ついに水がリングを通り抜けた．あれだ！ あの水の束の様子が流束のイメージだ（**図 3.6**）．

ある物理量を，マ（質量），ヒ（熱），そしてモ（運動量）にすると，流束の前に物理量の名をつけて，質量流束，熱流束，そして運動量流束となる．質量，熱，そして運動量の単位は，それぞれ［kg］，［J］，そして［kg m/s］だから，これを面積［m^2］と時間［s］で割ると，それぞれの流束の単位は次のようになる．

図 3.6　マヒモを表す基本は「流束」

第3章

図 3.7　電車のドアで測る「人数流束」

$$\text{質量流束}\quad\left[\frac{\mathrm{kg}}{\mathrm{m^2\,s}}\right] \tag{3.2}$$

$$\text{熱流束}\quad\left[\frac{\mathrm{J}}{\mathrm{m^2\,s}}\right] \tag{3.3}$$

$$\text{運動量流束}\quad\left[\frac{\mathrm{kg}\dfrac{\mathrm{m}}{\mathrm{s}}}{\mathrm{m^2\,s}}\right] \tag{3.4}$$

ここで，運動量流束の単位を組み替えてみると，

$$\left[\frac{\mathrm{kg}\dfrac{\mathrm{m}}{\mathrm{s}}}{\mathrm{m^2\,s}}\right]=\left[\frac{\mathrm{kg}\dfrac{\mathrm{m}}{\mathrm{s^2}}}{\mathrm{m^2}}\right]=\left[\frac{\mathrm{N}}{\mathrm{m^2}}\right] \tag{3.5}$$

これは圧力の単位だ！ **運動量流束だと難しそうに聞こえるが実は圧力だった．**

電車のドアでの人数流束を取り上げよう（**図 3.7**）．簡単のため，電車のドアのサイズを幅 1.3 m，高さ 1.8 m，そこを毎秒通過する人数を 3 名とすると，ドアでの人数流束は，

$$\text{ドアでの人数流束} = \frac{3}{1.3\times1.8\times1} = 1.3\,\frac{\text{人}}{\mathrm{m^2\,s}} \tag{3.6}$$

東京メトロ東西線の一部の電車のドアは，ほかの電車に比べて幅が 40% ほど広く，1.8 m ある．朝の混雑が激しいからワイドドアを採用している．ドアでの人数流束が一定でも，ドアを大きくすれば，短時間に多くの通勤客が乗り降りできる．その駅での乗降客数がわかると，開くドアの数を数えてその駅での停車時間を見積もることができる．私は東西線におよそ 25 年間お世話にな

った．この場を借りて感謝申し上げる．

東京ドームには5万人ほどの観客が座れる．チケットを持って，入場門から入ると，次は座席へのゲートがある．ゲートでの人数流束を測っておくと，入場者が全員，席に着くのにかかる時間を計算できる．その時間を考えてゲート数を決めているに違いない．ゲート数が少ないと，席に座ったときには，キャンディーズのショーがすでに始まっていたとしたら，しょーがないでは済まない．

空間へ出入りするときには面が必要だ．その面を検査しておくと，空間の中の様子を推定できる．刑事さんは，犯行グループのアジト（隠れ家）をみつけると，近くの電柱の後ろや曲がり角から人の出入りを見張っている．

とにかく，流束は相当に重要である．私はLUXのシャンプーの詰め替え袋（ユニリーバ・ジャパンの製品）を買ってきて，表面に大きく印刷されたLUXのロゴの前にFを黒マジックで書き入れ，教室に持ち込み，学生に見せている．「ほら，シャンプーにだってFLUXと書いてあるぞ！」と教室の真ん中で叫ぶことにしている．Flux makes me crazy. 流束は面での出入りの話．他方，化学反応による物質の消失や生成，そしてそれに伴う発熱や吸熱は体積内の点で起きることが多い．

TOIChE【3】答え

流速と「流束」を区別して使う．流束は英語でflux（フラックス）という．単位面積の「検査面」を単位時間に通過する物理量のことを流束という．物理量が質量であるとき，質量流束（mass flux）である．その単位は $\boxed{\dfrac{\mathrm{kg}}{\mathrm{m^2\ s}}}$ となる．

ジワジワとドヤドヤの足し算

TOIChE【4】

全質量流束（成分 A の z 方向）N_{Az} は拡散流束 J_{Az} と対流流束の和である．式で表すことにしよう．対流流束とは，成分 A の濃度 C_A が場の流れ（ここでは z 方向の流速 v_z）に乗って運ばれる質量流束のことである．したがって，

$$N_{Az} = J_{Az} + \boxed{}$$

流束の定義の次は，流束の定式化だ．場の中で「マヒモ」は勝手な方向に動いている．場の説明で例に挙げた「髪の毛の森」「洗濯槽」そして「大気」の内部で「マヒモ」は縦横無尽に動いている．したがって，流束は大きさと方向をもっている量だから，ベクトルだ．

ヘアドライヤーを一定方向に向けたままで，髪の乾燥作業を終える人はいないだろう．右から，前から，上から，後ろから，左から，温風を当てる．すると，温風が頭皮に撥ね返って，いろんな方向に広がる．物質（水）の濃度，熱や運動量（風）の大きさ，そして流れの方向はごちゃごちゃでカオスだ．

2020～2022 年，新型コロナウイルスのせいで，世界中がたいへんなことになっている．マスクをして飛沫の飛散を抑制している．私は冬になって冷気を吸うと咳が出ることがある．マスクの内側から体温に近い温度の風が，マスクを構成する不織布の繊維の隙間を抜けて，冷たい大気へ流れ出す．ここでもベクトルであるマヒモの同時移動が起きている．日本が誇るスーパーコンピュータ（スパコン）「富岳」が飛沫の飛ぶ様子を，数式を解いて計算してくれている．

流束がベクトルと知って，正直に 3 次元で話を進めるのは，やっかいだ．この本がますます数学っぽい内容になってしまい，読まれずに終わる．そこで，一方向だけに話を限って進めよう．理解を深めてから三方向に戻っても罰は当たらないだろう．一方向として，x 方向と y 方向には馴染みがありすぎるせいか，z 方向を採用することが多い．この本でもそうする．

まずは，z 方向だけで，しかもマヒモの流束のうち，質量流束だけを定式化するとしよう．**質量流束は，ジワジワ質量流束とドヤドヤ質量流束から成立している．同時に起きているから，数式では「足し算」で表す．**

$$\text{質量流束の全体} = (\text{ジワジワ質量流束}) + (\text{ドヤドヤ質量流束}) \tag{3.7}$$

書き直して専門書らしくすると，

$$\text{全質量流束} = (\text{質量の拡散流束}) + (\text{質量の対流流束}) \tag{3.8}$$

数学らしくするために，記号を使って表すと，

$$N_{Az} = J_{Az} + C_A v_z \tag{3.9}$$

記号 N, J, C の右下に遠慮気味に添えた文字（「下付き添え字」と呼ぶ）A は，「成分 A に着目しています」という約束である．そして下付き添え字 z は「三方向であるのは重々わかっていますが，理解しやすくするために z 方向に着目

図 3.8　成分 A の濃度や温度が全体の流れに乗って運ばれる

しています」という宣言である．N_{Az} と J_{Az} には下付き添え字として A と z が両方ついている．一方，濃度 C_A に z がついていないのは「濃度には方向がない」からである．また，v_z に A がついていないのは「全体の速度では，その全体に成分はない」からである．こうした下付き添え字から重大なことがわかる．濃度は大きさだけをもつ量でベクトルではなくスカラーと呼ばれる．他方，速度は下付き添え字に z がつくくらいだからベクトルであり，大きさ（速さ）と方向をもつ．

ジワジワ流束は中身を考えてから定式化するので後回し（TOIChE【5】）．ひとまず記号 J_A で済ましておこう．**ドヤドヤ流束は，濃度 C_A をもつ成分 A が全体の流れ（ここは z 方向の流れ）に乗って運ばれるから，数式化では「掛け算」で表す**．アラジン（成分 A）が絨毯（全体の速度）に乗って飛んでいるイメージである（**図 3.8**）．

$$z\text{ 方向の質量の対流流束} = C_A \times v_z \tag{3.10}$$

さて，忘れ去られていた x 方向と y 方向の成分 A の質量の全体流束は，下付き添え字 z を，それぞれ x と y に変えればよいだけだ．

$$N_{Ax} = J_{Ax} + C_A v_x \tag{3.11}$$

$$N_{Ay} = J_{Ay} + C_A v_y \tag{3.12}$$

三方向みな揃うと，ベクトルになる．言い換えると，スカラー 3 つでベクトルである．

$$\boldsymbol{N_A} = \boldsymbol{J_A} + C_A \boldsymbol{v} \tag{3.13}$$

ベクトルなら，縦横無尽に空間を移動する質量を，方向を気にせずに，そのまま表現できる．全質量流束，質量拡散流束，そして速度はベクトルだ．高校では，文字の上に右向きの矢印（→）をつけるけれども，大学になると文字を**太字**にする．そもそも，ワープロで文字の上に矢印をつける機能を私は知らないから高校での表記はできない．なお，成分 A の濃度はスカラーだから太字にしない．

$$\boldsymbol{N_A} = (N_{Ax}, N_{Ay}, N_{Az}) \tag{3.14}$$

$$\boldsymbol{J_A} = (J_{Ax}, J_{Ay}, J_{Az}) \tag{3.15}$$

$$\boldsymbol{v} = (v_x, v_y, v_z) \tag{3.16}$$

TOIChE【4】答え

全質量流束（成分 A の z 方向）N_{Az} は拡散流束 J_{Az} と対流流束の和である．式で表すことにしよう．対流流束とは，成分 A の濃度 C_A が場の流れ（ここでは z 方向の流速 v_z）に乗って運ばれる質量流束のことである．したがって，

$$N_{Az} = J_{Az} + \boxed{C_A v_z}$$

ジワジワ質量流束は負の濃度勾配に比例する

TOIChE【5】

拡散流束（成分 A の z 方向）J_{Az} を，濃度を使って表した式は，フィック（Fick）の法則と呼ばれる．それは拡散流束が負の濃度勾配に比例するという式であり，そのときの比例定数を拡散係数 D_A という．ここで，濃度勾配とは濃度差をその距離で割った量のことである．したがって，

$$J_{Az} = \boxed{}$$

フィック（Fick）の法則と名付けられた，ジワジワ質量流束（マの拡散流束）を定式化したのは，ドイツの生理学者・物理学者の Fick（1829〜1901年）である．式で表すと，

$$z\text{ 方向の質量の拡散流束：}\quad J_{Az} = -D_A \frac{\partial C_A}{\partial z} \tag{3.17}$$

この式が発表されたのが1855年．これによく似た式をその33年前の1822

年にフランスの数学者・物理学者 Fourier（1768～1830 年）が発表している．こちらはジワジワ熱流束（ヒの拡散流束）を定式化したフーリエの法則である．

$$z\text{ 方向の熱の拡散流束：}\quad q_z = -k\frac{\partial T}{\partial z} \tag{3.18}$$

この 2 つの式のわかりにくい点は次の 3 点である．

(1) $\partial C_A/\partial z$ と$\partial T/\partial z$ の“∂”はなんと読むか，なんの記号か？

(2) D_A と k はなんのことか？

(3) 右辺にマイナス（−）がなぜついているのか？

である．私は初めのうち，さっぱりわからなかった．ジワジワとわかっていった．

まず，∂ は「ラウンド」と読む．よって，$\partial C_A/\partial z$ を読むと，「ラウンド スィー サブスクリプト エー オウバー ラウンド ズィー」だ．ああ，めんどくさい．「ラウンド シー エー 割る ラウンド ゼット」でいこう．

∂ は偏微分記号である．偏微分は「変」微分ではないから，「偏っている」微分であって「変わっている」微分ではない．**三方向で考えるべきなのに，一方向で考えている点で「偏っている」．それだから偏微分なのだ．**もう一度，言っておきたい．偏微分は変ではない．

$\partial C_A/\partial z$ は $\Delta C_A/\Delta z$ としても大きな支障はない．

$$\frac{\partial C_A}{\partial z} \Rightarrow \frac{\Delta C_A}{\Delta z} \Rightarrow \frac{C_A(z+\Delta z)-C_A(z)}{(z+\Delta z)-z} \tag{3.19}$$

濃度勾配である．「紅梅」は知っているけれども「勾配」は知らないといわれそうだ．鉄ちゃん，鉄子なら知っているはずで，汽車や電車が急坂を上るときにはその坂の勾配が問題になる．急坂の線路の脇に，例えば「66.7‰」と書かれた「勾配標識」が立っている（**図 3.9**）．‰は千分率パーミルのことで，1000 m 水平に進んで 66.7 m の高低差があるという意味だ．

単なる「高低差」66.7 m ではなく，1000 m で割っていることに注意しよう．「濃度差」「温度差」なのだけれども，それだけではない．その差を与える距離で割って「勾配」としている．

マとヒの拡散流束が，それぞれ濃度勾配と温度勾配に比例するというのが，フィックとフーリエの法則の本質であって，その比例定数を D_A と k という記

第3章

図 3.9　ジワジワ流束の大きさは「差」ではなく「勾配」で決まる

号にしただけの話である．命名しないのもかわいそうなので，それぞれ拡散係数（diffusivity）と熱伝導度（thermal conductivity）と名付けられた．

$$z\text{ 方向の質量の拡散流束：}\quad J_{Az} \propto \frac{\partial C_A}{\partial z} \tag{3.20}$$

$$z\text{ 方向の熱の拡散流束：}\quad q_z \propto \frac{\partial T}{\partial z} \tag{3.21}$$

拡散係数 D_A は物質が拡散移動する場の性質を代表する定数である．カップに入ったアイスコーヒーにミルクを，流れが起きないように，できる限り静かに垂らすと，10 分も経てばミルクはカップ全体に広がる．一方，冷やしておいたコーヒーゼリーの入ったカップにミルクを垂らすと，ミルクはゼリーになかなか浸みていかない（**図 3.10**）．同じカップで実施しているから，アイスコーヒーでもコーヒーゼリーでも初期のミルクの濃度勾配は同一である．それなのに，場，すなわちアイスコーヒーとコーヒーゼリーではジワジワ拡散の速さが違う．

場の性質が違う．アイスコーヒーは液体，一方，コーヒーゼリーはゲルだ．この違いを拡散係数 D_A の違いによって説明するわけだ．熱のジワジワ拡散も同じである．木と銅を掌で触ったときに，銅のほうがひんやり感じるだろう．同じ固体でも，木と銅では熱伝導度 k が違う．銅（370 J/(m s°C)）のほうが木（マツの木，0.11 J/(m s°C)）より 3400 倍，熱が伝わりやすい．

さらに，マイナス（−）が右辺につく理由．次式のように，右辺にマイナス

図 3.10　ジワジワ移動「場」の性質を表す「拡散係数」

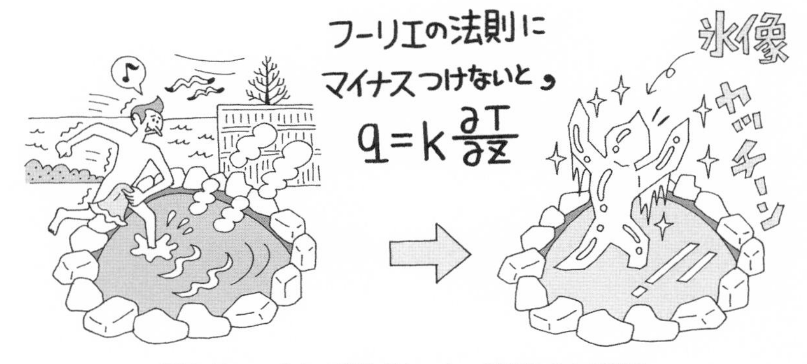

図 3.11　マイナス符号がないと，温泉に入れば凍る

が「ついていない」と濃度勾配がプラス（+）のとき物質の拡散流束がプラスになる．同様に，温度勾配がプラスだと熱の拡散流束がプラスになる．

$$J_{Az} = D_A \frac{\partial C_A}{\partial z} \tag{3.22}$$

$$q_z = k \frac{\partial T}{\partial z} \tag{3.23}$$

このままだと世の中がたいへんなことになってしまうので説明しよう．マイナスが「ついていない」場合，42℃ の温泉に浸かっていると，温泉水に体の熱が奪われて体が冷え切ってしまい，温泉の中に氷の裸像ができるという事象が起きてしまうだろう（**図 3.11**）．温度が低いほうから高いほうへ熱の拡散流束が起きるとなったらそうなる．

現実では，熱は高い温度から低い温度へ移動する．フーリエの法則の正しい式なら，温度勾配がプラスのときに，右辺にマイナスをつけているから，左辺の拡散流束がマイナスになる．

フーリエの法則と同様に，フィックの法則でも，濃度勾配がプラスのとき，左辺がマイナスになるように，右辺にマイナスをつけている．これによって，物質は濃度が高いほうから低いほうへ拡散移動することになる．現実の事象を説明できる式である．

ここまでで，前述の 3 点に回答した．こうしてジワジワ流束もドヤドヤ流束も，記号ではなく，場で測定できる量（C_A），あるいは評価できる量（D_A）で表せることになった．Fick 先生に感謝しておきたい．

$$
\begin{aligned}
N_{Az} &= J_{Az} + C_A v_z \\
&= -D_A \frac{\partial C_A}{\partial z} + C_A v_z
\end{aligned}
\tag{3.24}
$$

フィックの法則の式を丸暗記するのは簡単かもしれないけれども，すぐに忘れてしまうだろう．しかし，その法則の物理的意味を理解しておけば，末永く，式を忘れずに味わうことができるはずだ．

TOIChE【5】答え

拡散流束（成分 A の z 方向）J_{Az} を，度を使って表した式は，フィック（Fick）の法則と呼ばれる．それは拡散流束が負の濃度勾配に比例するという式であり，そのときの比例定数を拡散係数 D_A という．ここで，濃度勾配とは濃度差をその距離で割った量のことである．したがって，

$$J_{Az} = \boxed{-D_A \frac{\partial C_A}{\partial z}}$$

念仏「入り溜まり，消して出る」

TOIChE【6】

会社化学の役割の一つは「定量化」である．そのためには数式を使うことになる．その数式の基本は収支式である．収支式をなす 4 つの項は

□項，□項，□項，□項

図 3.12 「バランスとるのは，あたぼうよ」

である．場を移動する対象が３つあるので，会社化学で扱う収支式には，物質収支式だけでなく，＿＿収支式，そして＿＿＿＿収支式もある．

ここまでで前準備が終わった．ようやく，会社化学で最重要な式，「収支式」が登場する．「収支」は英語で「balance（バランス）」という．私は，終始，収支をとってきた．ここは「収支式」をどうしても覚えてもらうためにダジャレを言っている場合なのである．

バランスには「天秤（てんびん）」の意味がある．江戸時代，魚屋さんは肩に木棒を担いでその両端に木桶を取りつけ，魚を売り歩いていた（**図 3.12**）．木桶に入れる魚の数やサイズに気をつけてバランスをとりながら町中を走っていた．

物質移動や反応の様子を，会社化学が収支式を使って定量化を試みる場の範囲には，材料から，装置，湖や池，海洋，大気，さらには地球全体まである．しかし，どの場でも，場には境界があって有限の体積をもっている．その体積内で物質の収支式を立てる．その上，時間にも範囲が与えられる．

まず，体積の境界面への物質の流入とその境界面からの物質の流出がある．次に，体積内で化学反応が起きるときもある．そうした結果として，時間が経つと体積内で物質が増えたり，減ったりする．

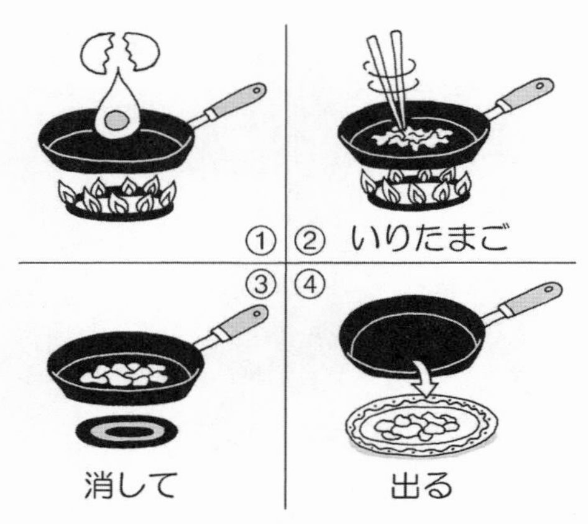

図 3.13　「炒り卵，消して出る」➡「入溜消出」

収支をとるために，収支式を構成する 4 つの項を覚える必要がある．ある物質の出入りを表す「流入項」と「流出項」，時間での物質の増減を示す項を「蓄積項」と呼ぶ．化学反応に伴い物質がほかの物質へ変わることによって消える場合には「消失項」，逆に，増える場合には「生成項」と名付ける．都合により「消失項」で代表させる．この 4 つの項も大事なので英語も示しておく．

流入項：　input
流出項：　output
蓄積項：　accumulation
消失項：　sink

この「収支 4 項」の覚え方を提案したい．イラスト（**図 3.13**）をみてほしい．「炒り卵，消して出る」．

ガスコンロにフライパンを乗せて，卵を投入し，卵を炒る．ほどよいスクランブルエッグになった時点で，コンロを消してフライパンから皿に取り出す．そんな状況を思い浮かべて，
「炒り卵，消して出る」．

これをもじって，
「入り溜まり，消して出る」．

「炒り」が「入り」に，「卵」が「溜まり」になった．「消して」と「出る」

はそのまま．これによって㊇ ⓶ ⓷ ⓸ の４項が揃った．**イラストをみながら「入溜消出」といえるように徹底的に訓練してほしい**．「ナンマイダ，ナンマイダ」と唱えるように，**「入り溜まり，消して出る」「入り溜まり，消して出る」と復唱しよう．「会社化学の念仏」だ．**

「ばかばかしい」と思っても結構．「収支４項」がスラスラ出てこないなら，これを唱えるのがよい．４項が出てくるほかの方法をもっていて，いつでも思い出せる人ならこの念仏は要らない．私は「入り溜まり，消して出る」で40年間過ごした．なんてバランスのとれた人生だ！

第3章

TOIChE【6】答え

会社化学の役割の一つは「定量化」である．そのためには数式を使うことになる．その数式の基本は収支式である．収支式をなす４つの項は

流入 項，蓄積 項，消失 項，流出 項

である．場を移動する対象が３つあるので，会社化学で扱う収支式には，物質収支式だけでなく，熱 収支式，そして 運動量 収支式もある．

お小遣いの５万円どうなった？

TOIChE【7】

毎月の小遣いの収支をとるのと同じである．５万円もらう（入）．卒業生の結婚式に呼ばれたときの準備として１万円貯金する（蓄）．なのに，ズボンのポケットに穴が開いていたらしく５千円なくした（消）．その月は残り３万５千円の出費でしのいだ（出）．この月の収支式は，

５万円（入）－１万円（蓄）－５千円（消）＝３万５千円（出）

この調子で４つの項（流入項，蓄積項，消失項，流出項）で収支式をつくると，

［　　］項－［　　］項－［　　］項＝［　　］項

場を限って収支式をつくるときに，点検すべき４項は「入溜消出」である．しかし，これでは項目が並んだだけで「式」にはなっていない．符号と等号で４項をつなぎたい．そこで，身近なお金の収支をとろう．そういえば，商業の世界で balance sheet は「貸借対照表」のことだ．

親元から離れて暮らす大学生が，毎月５万円の仕送りをもらっているとしよ

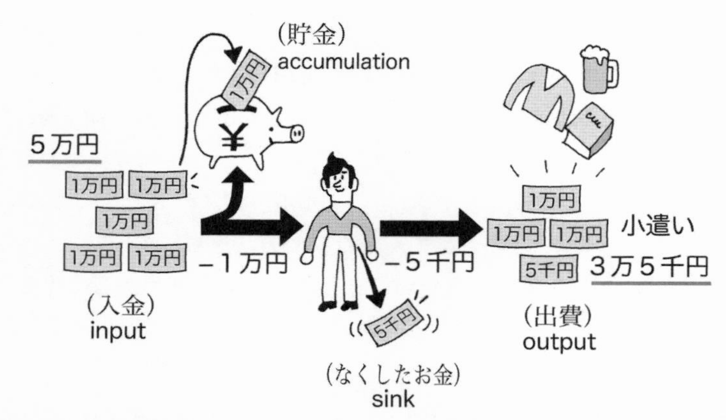

図 3.14 「入溜消出」への符号&等号のつけ方:お小遣いの5万円どうなった?

う.あるいはお父さんが**毎月5万円のお小遣いをもらっている**としてもよい.大学生は,夏休みや年末年始の帰郷費用や,高校時代の友人の結婚のお祝い金のために,**毎月1万円を貯蓄している**.しっかりした大学生ですばらしい.ああそれなのに,ズボンに穴が開いていたり,財布を開いているときに強風に煽られたりして**毎月5千円を失くしている**(図 3.14).こうした状況で,**毎月,使えるお金(出金)は3万5千円である.**

この「お小遣いの5万円どうなった?」のストーリーに沿って,収支式を立てる.

$$5\text{万円} - 1\text{万円} - 5\text{千円} = 3\text{万}5\text{千円} \tag{3.25}$$

$$\text{入金} - \text{貯蓄分} - \text{消失金} = \text{出金} \tag{3.26}$$

$$\text{ⓘ入} - \text{溜} - \text{消} = \text{出} \tag{3.27}$$

これが,待望の収支式だ.「これがバランスだ!」と「これが青春だ!」風に,布施明さんに高らかに歌い上げてもらいたい.

「会社化学」を血肉としたいのなら,「入溜消出」と唱えて,5万円の仕送りの顛末を考えて,収支式を立てる習慣をつけよう.間違っても,「入鉄炮出女(いりてっぽうとでおんな)」としてはいけない.これは,江戸時代に,江戸に持ち込まれる鉄炮と,江戸から逃げ出る女を取り締まったときの標語であり,㊀入と㊀出の項しかなく,㊀溜と㊀消の項が抜けている.それは収支式の特殊例

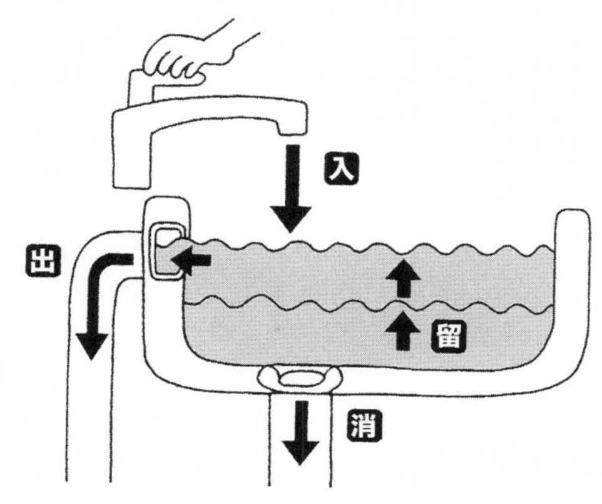

図 3.15　毎日の「入溜消出」：洗面台の水

にすぎない．

身の回りに毎日，収支を考えさせられる現象がある．洗面所のシンク（sink）だ．まず，洗顔のため，水を溜めようと蛇口そばの棒を押して底穴を塞ぐ．次に，蛇口を開いて水を出す．だんだんと水が溜まっていく．水を止めようとしたそのとき，「あなた，ちょっと来て！」と台所から緊急招集指令．水を止めずに急行．用事が済んで帰ってくると，上部の長細い脇穴から水が漏れ落ちている．オーバーフローして床にこぼれないでよかった．水を止め，底穴を開けて水を抜いた．水の出口が変わった（**図 3.15**）．

シンクという場で水は蛇口から「入」り，シンクに「溜」まり，上部の脇穴から「出」ていく．３項が登場している．水つながりで，空の風呂に水を張るときには，㊇入と㊇溜（増える）で，風呂から水を捨てるときには，㊇溜（減る）と㊇出の２項である．

会社化学が扱う移動対象は，物質，熱，そして運動量（まとめて，マヒモ）なので，それぞれに収支を立てることが可能である．例えば，水の質量の収支が上述のシンク内での物質収支式である．熱と運動量の収支をとると，それぞれ熱収支式と運動量収支式が出来上がる．**「入溜消出」と「お小遣いの５万円どうなった？」を知っていれば，収支式を立てるのは簡単だ．**

TOIChE【7】答え

毎月の小遣いの収支をとるのと同じである．5万円もらう（入）．卒業生の結婚式に呼ばれたときの準備として1万円貯金する（蓄）．なのに，ズボンのポケットに穴が開いていたらしく5千円なくした（消）．その月は残り3万5千円の出費でしのいだ（出）．この月の収支式は，

5万円（入）−1万円（蓄）−5千円（消）＝3万5千円（出）

この調子で4つの項（流入項，蓄積項，消失項，流出項）で収支式をつくると，

[流入]項−[蓄積]項−[消失]項＝[流出]項

諸行無常でも定常とみなす

TOIChE【8】

物質収支式の中で，蓄積項がゼロのとき，すなわち，時間が経っても濃度が変化しない状態を[　　　]状態と呼ぶ．一方，濃度が時間とともに変化する状態を[　　　]状態と呼んでいる．

駅と駅の間隔が長いと，電車の速さは大きく変わる．私は25年間，千葉大学に通った．その通勤途中で東京メトロ東西線快速に乗っていた．東陽町を出て浦安に止まって西船橋に向かった．東陽町から浦安まで，浦安から西船橋まで．それぞれ3駅と4駅をスキップする．駅間の距離は相当に長い．浦安を出ると，8 km 先の西船橋に向かって電車は加速する．途中，一定の速さで飛ばしていき，「まもなく西船橋に到着です」という車内アナウンスが入ると，減速し，ホームに進入して停車に至る（**図3.16**）．

この一定の速さというのは，時間が経っても速さが変わらないことである．これが「定常状態」に相当する．線路の上を走る電車の速さ V は時間の関数である．V を $V(t)$ と表すと，「定常状態」とは，

$$\frac{\Delta V}{\Delta t}=\frac{V(t+\Delta t)-V(t)}{(t+\Delta t)-t}$$

$$=\frac{V(t+\Delta t)-V(t)}{\Delta t}$$

$$=\text{ゼロ} \tag{3.28}$$

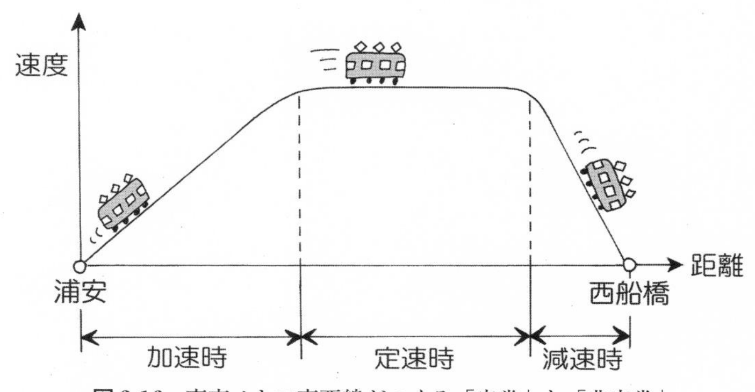

図 3.16　東京メトロ東西線がつくる「定常」と「非定常」

さらには山あり谷あり，カーブの多い線路を電車が走るなら，Vは位置の関数でもある．$V(t, x, y, z)$ として，偏微分記号を使うと，

$$\frac{\partial V}{\partial t} = \text{ゼロ} \tag{3.29}$$

場での濃度，温度，そして速度が，時間が経っても変わらない，それが「定常」である．式で表すと，空間にかかわらずに，

$$\frac{\partial C_A}{\partial t} = \text{ゼロ} \tag{3.30}$$

$$\frac{\partial T}{\partial t} = \text{ゼロ} \tag{3.31}$$

$$\frac{\partial v_x}{\partial t} = \text{ゼロ} \tag{3.32}$$

高校の古典の時間に，平家物語を習ったのを覚えている．成績は悪かった．いまになっても覚えているのは，たった一行．

「祇園精舎の鐘の声，諸行無常の響きあり」

読み：　ぎおんしょうじゃのかねのこえ，しょぎょうむじょうのひびきあり

注釈：　「祇園精舎」はお釈迦さまが説法を行ったインドの寺院（精舎）の一つ．

図 3.17 私の人生，非定常だった♬

「諸行無常」とは「現実世界のあらゆる事象は，絶えず変化し続けていて，永遠不変なものはない」という意味である（**図 3.17**）．移動速度論からいうと，すべては非定常という意味になるけれども，そうではなく，定常のときもある．

化学プラントでいうと，安定操業から定期点検で装置を停止し，点検が終わって装置を始動して安定操業に戻るまでが「非定常」の状態である．「シャットダウンとスタートアップのときに事故が起きないよう，十分に気をつけています」と，学生を伴っての工場見学で，現場の責任者からお聴きした．

TOIChE【8】答え

物質収支式の中で，蓄積項がゼロのとき，すなわち，時間が経っても濃度が変化しない状態を 定常 状態と呼ぶ．一方，濃度が時間とともに変化する状態を 非定常 状態と呼んでいる．

ここまでで移動速度論の前半が終わりました．一休みして，念仏「入り溜まり，消して出る」を唱えてから，次の章へ進んでください．

第4章

TOIChE【9】～【13】の解説
「会社化学」の方法論 その1
移動速度論（2）

アナロジーは超便利

TOIChE【9】

熱［J］の全流束を全質量流束とのアナロジー（類似）から式で表そう．やはり，拡散流束と対流流束の和で表される．

全質量流束（z 方向）　　$N_{Az} = J_{Az} + C_A v_z$

単位は$[\mathrm{kg/(m^2\ s)}]$ である．「成分 A の濃度 $C_A[\mathrm{kg/m^3}]$」を「熱の濃度$[\mathrm{J/m^3}]$」にするには，密度 $\rho\,[\mathrm{kg/m^3}]$，比熱 $C_p[\mathrm{J/(kg\ {}^\circ C)}]$ を $\boxed{}$ に掛け算すればよい．そうして，

全熱流束（z 方向）　　$H_z = q_z + \boxed{}\ v_z$

もちろん熱流束の単位は $[\mathrm{J/(m^2\ s)}]$ である．H_z は単位面積の検査面を単位時間に通過する熱量を表している．

これまで何度も登場している「マヒモ」とは，「場」で移動する **ma**ss（質量），**he**at（熱），そして **mo**mentum（運動量）のことである．「マヒモ」といって一括りにするのは，移動様式が類似しているからである．英語では analogous，アナロジー（類似）の形容詞形である．**似ているから，1つわかると，残り2つがわかることさえある．たいへん便利だ．**

「マヒモ」を同時に扱うのが移動速度論である．工学の世界では，「ヒ」を詳しく扱うと「伝熱工学」，「モ」を詳しく扱うと「流体力学」という立派な学問になって，機械工学科の必須科目に指定されている．流体力学は広い範囲をカバーしている．「流体」とは気体と液体のことだから，固い物体（固体）を除けば，ほぼみな流体だ．

大気の流体力学は「気象学」，海水の流体力学は「海洋学」の重要な一分野である．スパコンを使って流体力学の基礎方程式を数値解析している．流体力

図 4.1　「マ」を聞いて，「ヒ」「モ」を知る

学は，例えば，大気なら台風の進路，海水なら海流の移行の予測に役立つ．

化学が得意とする反応を伴う「マ」の移動を定量化しようと，移動速度論の山歩きをしているうちに，峠や山頂に着いて，そこから「ヒ」「モ」の山々も見えてくる．視野が広がったと感じるのはそういうときだ（**図 4.1**）．

「マ」と「ヒ」の全流束が似ているというのだから，式中の「質量」を「熱」に置き換えると，ヒの流束の定義式が完成する．

質量流束の全体 =（ジワジワ質量流束）+（ドヤドヤ質量流束）　(4.1)

フォーマルに書くと，

全質量流束 =（質量の拡散流束）+（質量の対流流束）　(4.2)

全質量流束 $\boldsymbol{N_A}$ はベクトルだけれども，簡単のため，z 方向を取り出すと，

$$N_{Az} = J_{Az} + C_A v_z \quad (4.3)$$

いよいよ，「質量」を「熱」に置き換える．

熱流束の全体 =（ジワジワ熱流束）+（ドヤドヤ熱流束）　(4.4)

フォーマルに書くと，

全熱流束 =（熱の拡散流束）+（熱の対流流束）　(4.5)

全熱流束 $\boldsymbol{H}$ はベクトルだけれども，簡単のため，z 方向を取り出すと，

$$H_z = q_z + (\quad) v_z \tag{4.6}$$

右辺の第 1 項は後回し．第 2 項の空欄（　　）には，類似の論理からして，成分 A の濃度［kg-A/m^3］の代わりに熱濃度［J/m^3］が入るはずだ．さて，困った．熱の濃度に関わる手持ちの札は温度 T［℃］しかない．

$$[℃] \quad ➡ \quad ➡ \quad \left[\frac{\mathrm{J}}{\mathrm{m}^3}\right] \tag{4.7}$$

じーっと見て考える．温度［℃］を消すためには，［℃］が分母にある比熱［J/(kg ℃)］がよさそうだ．比熱とは 1 kg の物体を 1℃ 上げるのに必要な熱量［J］のことで，定圧（例えば，大気圧）のもとなら定圧比熱 C_p という記号を使う．

$$[℃] \times \left[\frac{\mathrm{J}}{\mathrm{kg}\ ℃}\right] = \left[\frac{\mathrm{J}}{\mathrm{kg}}\right] \quad ➡ \quad \left[\frac{\mathrm{J}}{\mathrm{m}^3}\right] \tag{4.8}$$

もう一歩だ．分母が kg から m^3 になればよい．それなら，［kg/m^3］を掛けると済む．それは密度の単位じゃないか！ 密度には通常 ρ というギリシャ文字を使う．

$$\left[\frac{\mathrm{J}}{\mathrm{kg}}\right] \times \left[\frac{\mathrm{kg}}{\mathrm{m}^3}\right] = \left[\frac{\mathrm{J}}{\mathrm{m}^3}\right] \tag{4.9}$$

目標の熱濃度にようやく辿り着いた．というわけで，単位でなく文字で表す．

$$T \times C_p \quad ➡ \quad TC_p \times \rho \quad ➡ \quad TC_p\rho \tag{4.10}$$

座りのよい順番にすると，$\rho C_p T$，これが熱濃度の正体である．アラジンの絨毯に乗って移動するのが，**成分 A の濃度 C_A［kg/m^3］から熱濃度 $\rho C_p T$［J/m^3］に交替した．**

第4章

TOIChE【9】答え

熱［J］の全流束を全質量流束とのアナロジー（類似）から式で表そう．やはり，拡散流束と対流流束の和で表される．

全質量流束（z 方向）　$N_{Az} = J_{Az} + C_A v_z$

単位は［kg/(m^2 s)］である．「成分 A の濃度 C_A［kg/m^3］」を「熱の濃度［J/m^3］」にするには，密度 ρ［kg/m^3］，比熱 C_p［J/(kg ℃)］を 温度 T に掛け算すればよ

い．そうして，

全熱流束（z 方向）　$H_z = q_z + \boxed{\rho C_p T}\, v_z$

もちろん熱流束の単位は［J/(m^2 s)］である．H_z は単位面積の検査面を単位時間に通過する熱量を表している．

「そうよ，フィックの法則はフーリエの法則に似ている…」

TOIChE【10】

質量の拡散流束 J_{Az} を濃度で表すためにフィックの法則があったように，熱の拡散流束 q_z を表すためにフーリエ（Fourier）の法則がある．

フィックの法則：　$J_{Az} = -D_A \dfrac{\partial C_A}{\partial z}$

フーリエの法則：　$q_z \;=\; -k \boxed{\phantom{\dfrac{\partial T}{\partial z}}}$

ここで，熱の拡散流束と負の温度勾配の比例関係をつなげる比例定数を熱伝導度 k と呼ぶ．

ドヤドヤ熱流束に続いて，ジワジワ熱流束を定量化する．ジワジワ質量流束は TOIChE【4】に登場している．

$$\text{フィックの法則：}\quad J_{Az} = -D_A \frac{\partial C_A}{\partial z} \tag{4.11}$$

$$\text{フーリエの法則：}\quad q_z \;=\; -k \frac{\partial T}{\partial z} \tag{4.12}$$

「そうよ，フーリエの法則は似ている，フィックの法則に，好きだった」とトワ・エ・モアさんに歌ってもらいたいところだ（**図 4.2**）．いや，フーリエさんのほうが，フィックさんより先にみつけている．**「そうよ，フィックの法則は似ている，フーリエの法則に**，好きだった」．拡散係数 D_A に代わって登場した比例定数 k を「熱伝導度」と呼ぶ．「熱電導度」でも「熱伝道度」でもない．熱伝導度は場を代表する物性の一つ．冬の散歩道，重ね着をして空気の層を身にまとうのは空気の熱伝導度（0.026 J/(m s°C) at 20°C）が小さくなるからである．

たまには，三方向で表現しておく．熱流束はベクトルであることを思い出そ

図 4.2 そうよ，似ている，ジワジワの法則は…♬

第4章

う．ベクトルだから，真冬に「ホッカイロ」をお尻のポケットに入れておくと，体全体が温まってくる．

x 方向のジワジワ熱流束 $$q_x = -k\frac{\partial T}{\partial x} \tag{4.13}$$

y 方向のジワジワ熱流束 $$q_y = -k\frac{\partial T}{\partial y} \tag{4.14}$$

z 方向のジワジワ熱流束 $$q_z = -k\frac{\partial T}{\partial z} \tag{4.15}$$

紙面の都合で 1 行で表すとなると，ベクトル表示を採用すればよい．

$$\boldsymbol{q} = \left(-k\frac{\partial T}{\partial x},\ -k\frac{\partial T}{\partial y},\ -k\frac{\partial T}{\partial z}\right) \tag{4.16}$$

数学や物理の抽象的な本をパラパラとめくると，フーリエの法則をもっとスマートに書いている．

$$\boldsymbol{q} = -k\ \nabla T \tag{4.17}$$

$$= -k\ \mathbf{grad}\ T \tag{4.18}$$

太文字にした文字 $\boldsymbol{q}$ と 2 種類の記号∇（ナブラ（nabla）と読む）と **grad**（グラディエント（gradient）と読む）はベクトル記号である．ナブラとは「竪琴」のことだ．確かにそんな形をしている．こうしたベクトル表示はすっきりしている代わりに，物理的意味が見えにくくて，私は好きではない．入門者を撥ね退ける．だから理解しなくてもよい．

TOIChE【10】答え

質量の拡散流束 J_{Az} を濃度で表すためにフィックの法則があったように，熱の拡散流束 q_z を表すためにフーリエ（Fourier）の法則がある．

フィックの法則：　$J_{Az} = -D_A \dfrac{\partial C_A}{\partial z}$

フーリエの法則：　$q_z = -k \boxed{\dfrac{\partial T}{\partial z}}$

ここで，熱の拡散流束と負の温度勾配の比例関係をつなげる比例定数を熱伝導度 k と呼ぶ．

頭がすっきりしていないときには TOIChE【13】へ飛んでください！

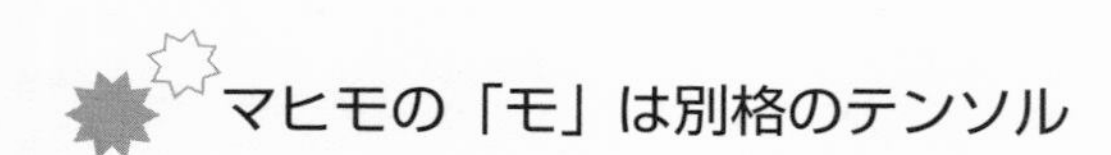

マヒモの「モ」は別格のテンソル

TOIChE【11】

運動量［kg m/s］の全流束を全質量流束とのアナロジー（類以）から式で表そう．やはり，拡散流束と対流流束の和で表される．

全質量流束（z 方向）　$N_{Az} = J_{Az} + C_A v_z$

単位は [kg/(m^2 s)] である．「成分 A の濃度 C_A [kg/m^3]」を「運動量の濃度 [(kg m/s)/m^3]」にするには，密度 ρ [kg/m^3] を［　　　］に掛け算すればよい．そうして，

全運動量流束（v_x の z 方向）　$M_{xz} = \tau_{xz} +$［　　］v_z

もちろん単位は［(kg m/s)/(m^2 s)］で，この単位は組み直すと［(kg m/s^2)/m^2］となる．これは圧力の単位だ．運動量流束の正体は圧力だった．

アナロジー（類似）からして，成分 A の濃度［kg-A/m^3］や熱の濃度［J/m^3］の代わりに，運動量濃度が入るはずだ．運動量の単位は［kg m/s］だから，運動量濃度の単位は［(kg m/s)/m^3］．使えそうな手持ちの札は速度の x 成分 v_x である．

$$\left[\frac{\mathrm{m}}{\mathrm{s}}\right] \Rightarrow \left[\frac{\mathrm{kg\ m/s}}{\mathrm{m}^3}\right] \tag{4.19}$$

この運動量濃度の単位を次のように並べ替える．

$$\left[\frac{\mathrm{kg\ m/s}}{\mathrm{m}^3}\right] \Rightarrow \left[\left(\frac{\mathrm{m}}{\mathrm{s}}\right)\left(\frac{\mathrm{kg}}{\mathrm{m}^3}\right)\right] \tag{4.20}$$

これなら，速度と密度 ρ [kg/m^3] の掛け算だ．

ここからは「モ」に関連する2文字連続の下付き添え字について説明する．少々やっかいなので，**頭が冴えていないなら次の問題にスルーしてよい．**「マ」「ヒ」とくれば「モ」だろう．全流束の定義は「アナロジー」に基づいてつくればよいはず．しかし，そうは問屋が卸さない．なぜなら，「マ」の濃度 C_A と「ヒ」の温度 T は大きさだけをもつ量（スカラー）なのに対して，「モ」の速度は大きさだけでなく，方向ももつ量（ベクトル）である．「速度」でなくて「速さ」なら大きさだけの量だ．

速度 $\boldsymbol{v}$ はベクトルだから，3つの成分（スカラー）で表記できる．

$$\boldsymbol{v} = (v_x, v_y, v_z) \tag{4.21}$$

アラジンの絨毯（全体の流れ）に乗るのは，$\boldsymbol{v_x}$，$\boldsymbol{v_y}$，$\boldsymbol{v_z}$ のそれぞれである．

$$\rho v_x \text{のドヤドヤ流束：} \quad \rho v_x \boldsymbol{v} = (\rho v_x v_x, \rho v_x v_y, \rho v_x v_z) \tag{4.22}$$

$$\rho v_y \text{のドヤドヤ流束：} \quad \rho v_y \boldsymbol{v} = (\rho v_y v_x, \rho v_y v_y, \rho v_y v_z) \tag{4.23}$$

$$\rho v_z \text{のドヤドヤ流束：} \quad \rho v_z \boldsymbol{v} = (\rho v_z v_x, \rho v_z v_y, \rho v_z v_z) \tag{4.24}$$

まとめると，$\rho \boldsymbol{v}$ のドヤドヤ流束は，3×3の行列になる．

$$\rho \boldsymbol{v}\boldsymbol{v} = \begin{pmatrix} \rho v_x v_x, & \rho v_x v_y, & \rho v_x v_z \\ \rho v_y v_x, & \rho v_y v_y, & \rho v_y v_z \\ \rho v_z v_x, & \rho v_z v_y, & \rho v_z v_z \end{pmatrix} \tag{4.25}$$

これに倣って，運動量のジワジワ流束は，

$$\boldsymbol{\tau}_x = (\tau_{xx}, \tau_{xy}, \tau_{xz}) \tag{4.26}$$

$$\boldsymbol{\tau}_y = (\tau_{yx}, \tau_{yy}, \tau_{yz}) \tag{4.27}$$

$$\boldsymbol{\tau}_z = (\tau_{zx}, \tau_{zy}, \tau_{zz}) \tag{4.28}$$

$\boldsymbol{\tau}$ は3×3の行列になる．

$$\boldsymbol{\tau} = \begin{pmatrix} \tau_{xx}, & \tau_{xy}, & \tau_{xz} \\ \tau_{yx}, & \tau_{yy}, & \tau_{yz} \\ \tau_{zx}, & \tau_{zy}, & \tau_{zz} \end{pmatrix} \tag{4.29}$$

このように，場で縦横無尽に暴れ回るジワジワ運動量流束 $\boldsymbol{\tau}$ もドヤドヤ運動量流束 $\rho \boldsymbol{v}\boldsymbol{v}$ も9つのスカラーで表せる．そのために，2文字連続の下付き添え字が登場するのである．

スカラーは1つ，ベクトルは3つ，そのベクトル3つで表せる量をテンソルと呼ぶ． ベクトルもテンソルもvector，tensorのドイツ語読みだ．英語読みなら，ベクターとテンサーである．どっと疲れる説明だ．

ここまでくると，1行で済まそうとする数学者の記号扱いは見直されるかもしれない．テンソル τ，そして $\boldsymbol{vv}$ を使って，全運動量流束 $\boldsymbol{M}$ は，2文字連続下付き添え字は不要らしい．

$$\boldsymbol{M} = \tau + \rho \boldsymbol{vv} \tag{4.30}$$

「モ」は流束を表すだけで，これほど複雑になった．この先が思いやられる．しかし，安心してほしい，「会社化学」では「モ」の話題は少ない．複雑な「モ」が登場したら単純化してから定量化するので安心してほしい．もっというと，いまさらながら，この問題はスルーしてもよかった．

TOIChE【11】答え

運動量 [kg m/s] の全流束を全質量流束とのアナロジー（類似）から式で表そう．やはり，拡散流束と対流流束の和で表される．

全質量流束（z 方向）　$N_{Az} = J_{Az} + C_A v_z$

単位は [kg/(m^2 s)] である．「成分 A の濃度 C_A [kg/m^3]」を「運動量の濃度 [(kg m/s)/m^3]」にするには，密度 ρ [kg/m^3] を $\boxed{\text{速度 } v_x}$ に掛け算すればよい．そうして，

全運動量流束（v_x の z 方向）　$M_{xz} = \tau_{xz} + \boxed{\rho v_x}\ v_z$

もちろん単位は［(kg m/s)/(m^2 s)］で，この単位は組み直すと［(kg m/s^2)/m^2］となる．これは圧力の単位だ．運動量流束の正体は圧力だった．

高いほうから低いほうへジワジワ移動するという3つの法則

TOIChE【12】

J_{Az} を濃度で表すためにフィックの法則が，q_z を表すためにフーリエの法則があったように，τ_{xz} を表すためにニュートン（Newton）の法則がある．

フィックの法則：　$J_{Az} = -D_A \dfrac{\partial C_A}{\partial z}$

フーリエの法則：　$q_z = -k\dfrac{\partial T}{\partial z}$

ニュートンの法則：　$\tau_{xz} = -\mu \;\square$

ここで，運動量の拡散流束 τ_{xz} と負の速度勾配の比例関係をつなげる比例定数を粘度 μ と呼ぶ．

「マヒモ」すなわち「質量，熱，運動量」でのジワジワ流束の法則をまとめる問題である．まず，「マヒモ」のジワジワ流束が，それぞれ「濃度，温度，速度」の勾配に比例するという法則の名を覚える．次に，その比例定数である場の性質を代表する物性定数を覚えよう．さらに，自分でその物性定数の単位を算出できるようにすることが大切．何度も使っているうちに覚えてしまったらそれは仕方ないが，そういうことは珍しい．

場全体の動きがないときに，濃度は高いほうから低いほうへジワジワ移動する．この現象は身の回りで起きているためにわかりやすい．カップに入れたお湯に緑茶のティーバッグを浸して振らずに放っておくと，袋の周囲は濃い緑色になりながらもジワジワ薄くなっていき，やがてカップ全体が同じ色になる．

場全体の動きがないときに，温度が高いほうから低いほうへジワジワ移動するという理解では，体験がものをいう．子供の頃，寒風の中，外で遊んで家に帰ると，赤い顔をした私の額を母が掌で触って，「熱があるんじゃないの？」と心配してくれた．私の発熱した額の皮膚から，母の平熱の掌の皮膚に熱がジワジワ移動したのだろう．

これに対して，速度の速いほうから遅いほうへのジワジワ移動をなかなか理解できないで，私は40年間生きてきた．なので，「マヒモ」のアナロジーで理解した気になっている．

$$\text{マ：}\quad J_{Az} = -D_A\frac{\partial C_A}{\partial z} \tag{4.31}$$

$$\text{ヒ：}\quad q_z = -k\frac{\partial T}{\partial z} \tag{4.32}$$

だったら，

$$モ：\quad \tau_{xz} = -\ (\quad)\ \frac{\partial\ (\quad)}{\partial z} \tag{4.33}$$

右辺の2つの空欄（　　）を埋めよう．まず，後の（　　）は速度勾配の項だから，v_x が正解．下付き添え字は左辺の2文字連続下付き添え字の初めの x がヒントになった．次に，前の（　　）は比例定数だからなんでもよい．どこの誰がつけたか知らないけれども，誰もがみんな知っている．ギリシャ文字で μ，その名を粘度と呼ぶ．さらに，この法則の名は「ニュートンの法則」である．それではまとめておくと，

フィックの法則　：マの拡散流束＝－(拡散係数 D_A)×(濃度勾配) (4.34)

フーリエの法則　：ヒの拡散流束＝－(熱伝導度 k)　×(温度勾配) (4.35)

ニュートンの法則：モの拡散流束＝－(粘度 μ)　　×(速度勾配) (4.36)

まったく違うもののように思える「マヒモ」のジワジワの流れの束（流束）を定式化すると，似た式で表せる．まずは感動してほしい．

現実はそれほど美しくはない．ニュートンの法則が成立するのは，サラサラした液体（例えば，希薄水溶液）内での運動量のジワジワ移動である．ドロドロしてくるとこの法則に従わなくなり，その流体を非ニュートン流体と呼ぶ．「ニュートン流体に非ず」と宣告している．

ここで，**物性定数の名を覚えるだけで終わってはいけない．その単位を算出しよう．ジワジワの法則の原点に戻ると簡単である．**

$$拡散係数\ D_A\ の単位 = \frac{マの拡散流束の単位}{濃度勾配の単位} \tag{4.37}$$

$$熱伝導度\ k\ の単位 = \frac{ヒの拡散流束の単位}{温度勾配の単位} \tag{4.38}$$

$$粘度\ \mu\ の単位 = \frac{モの拡散流束の単位}{速度勾配の単位} \tag{4.39}$$

これを実行すると，分子は「●●流束」，分母は「●●勾配」だ．

$$拡散係数\ D_A\ の単位 = \frac{\left[\dfrac{\mathrm{kg}}{\mathrm{m^2\ s}}\right]}{\left[\dfrac{\mathrm{kg}}{\mathrm{m^3}}\ \dfrac{1}{\mathrm{m}}\right]} = \left[\frac{\mathrm{m^2}}{\mathrm{s}}\right] \tag{4.40}$$

$$熱伝導度 k の単位 = \frac{\left[\dfrac{\mathrm{J}}{\mathrm{m^2\,s}}\right]}{\left[{}^\circ\mathrm{C}\,\dfrac{1}{\mathrm{m}}\right]} = \left[\frac{\mathrm{J}}{\mathrm{m\,s\,{}^\circ C}}\right] \tag{4.41}$$

$$粘度 \mu の単位 = \frac{\left[\dfrac{\mathrm{kg\,m}}{\mathrm{s}}\,\dfrac{1}{\mathrm{m^2\,s}}\right]}{\left[\dfrac{\mathrm{m}}{\mathrm{s}}\,\dfrac{1}{\mathrm{m}}\right]} = \left[\frac{\mathrm{kg}}{\mathrm{m\,s}}\right] = [\mathrm{Pa\,s}] \tag{4.42}$$

単位を与えて終わってはいけない．代表的な測定値を調べた．大気圧（101 kPa）下での値である．数値を覚える必要はないが，水中と大気中，非金属と金属，そして水と空気の差の大きさを知っておいてほしい．

拡散係数 D_A	希薄水溶液中のショ糖	$0.52\times10^{-9}\ \mathrm{m^2/s}$	（25°C）
	NaCl	$1.6\ \times10^{-9}\ \mathrm{m^2/s}$	（25°C）
	空気中の水素	$6.3\ \times10^{-5}\ \mathrm{m^2/s}$	（20°C）
	水	$2.4\ \times10^{-5}\ \mathrm{m^2/s}$	（20°C）
熱伝導度 k	木材；マツ	$0.11\ \dfrac{\mathrm{J}}{\mathrm{m\,s{}^\circ C}}$	
	金属；アルミニウム	200	
	銀	420	
	水	0.59	（20°C）
	空気	0.026	（20°C）
粘度 μ	水	1.52 mPa s	（5°C）
		1.00	（20°C）
		0.72	（35°C）
	大気	0.018	（20°C）

TOIChE【12】答え

J_{Az} を濃度で表すためにフィックの法則が，q_z を表すためにフーリエの法則があったように，τ_{xz} を表すためにニュートン（Newton）の法則がある．

$$フィックの法則：\quad J_{Az} = -D_A\frac{\partial C_A}{\partial z}$$

フーリエの法則：　$q_z = -k\dfrac{\partial T}{\partial z}$

ニュートンの法則：　$\tau_{xz} = -\mu\boxed{\dfrac{\partial v_x}{\partial z}}$

ここで，運動量の拡散流束 τ_{xz} と負の速度勾配の比例関係をつなげる比例定数を粘度 μ と呼ぶ．

人生の流れを決めるレイノルズ数

TOIChE【13】

無次元数は覚えなくても，自力でつくることができる．そうなると，物理的意味（physical meaning）もわかる．会社化学で初めに習う無次元数レイノルズ数（Reynolds number）をつくってみる．全運動量流束からつくる．

$$M_{xz} = -\mu\frac{\partial v_x}{\partial z} + \rho v_x v_z$$

第2項（対流流束）の第1項（拡散流束）に対する絶対値の比がレイノルズ数である．

$$\frac{|\rho v_x v_z|}{\left|-\mu\dfrac{\partial v_x}{\partial z}\right|}$$

ここに，速度の代表値として U(例えば，線速)，長さの代表値として d（例えば，管径）をこの式に代入すると，

$$\text{レイノルズ数} = \frac{\boxed{}}{\boxed{}} = \frac{\rho U d}{\mu}$$

レイノルズ数 2100～2500 を境にして，それより小さいなら層流，大きいなら乱流であると流れの様子を判定できる．

私は応用化学科に入学して，2年生後期から化学工学コースを選んだ．理由はあまり覚えていない．化学工学コースに入って，まず驚かされたのは「無次元数」という用語に出遭ったときである．英語の dimensionless number を日本語に訳して「無次元数」．ごもっともだけれども，音の響きに圧倒された．

「MUJIGENSU」，当時，「無印良品」はまだなかった．

無次元数は1つではなく，いくつもある．その無次元数の中で最も有名なのが「レイノルズ数(Re数)」である．「これは大事だから，そっくり覚えなさい！」と授業中に先生から厳命された．

$$\text{レイノルズ数} = \frac{\rho U \mathrm{d}}{\mu} \tag{4.43}$$

「ロー，ユー，ディー，割る，ミュー」．ポケモンに登場するキャラクターのようだ．μ(ミュー) というギリシャ文字も人生で初めて知った．この時点でコースの選択を間違えたと思ったけれども，もう引き返せない．「前を向こう」と思った．

レイノルズ数を計算すると，流れの様子が「層流」か「乱流」かを判定できる（**図4.3**）．紅葉のシーズンに川面に楓の葉が落ち，それが回転することもなく，スイスイと流れに乗って移動するなら川の流れは層流である．一方，葉が回転しながらあっちに行ったり，こっちに来たりしながら移動するなら川の

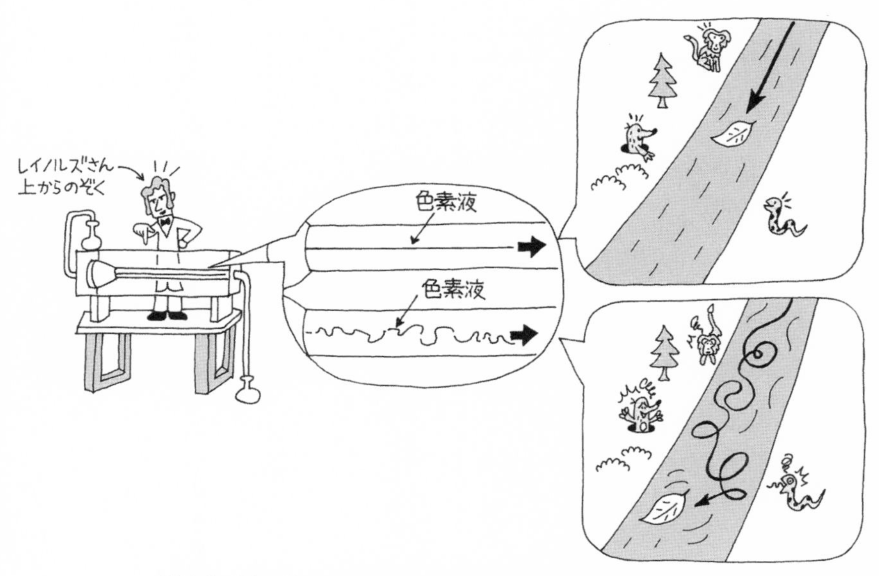

図4.3　Pipe flow experiment by Osborne Reynolds in 1883

流れは乱流である．

日本全国の大学の工学部には「化学工学科」がある．名称変更で「化学システム工学科」になったりもしている．その化学工学科の学生が就職活動をしていて，ある化学会社の最終面接までに至った．最終面接には会社の重役クラスが臨むことが多い．その重役の一人が「化学工学科」を卒業していたという．

「レイノルズ数の説明をしてくれますか？」と重役は質問した．その学生は「習ったのは覚えていますが，よく知りません」とすまなそうに答えたという．重役はサービスの質問をしたつもりだった．面接後，人事担当者が重役に呼びつけられた．「レイノルズ数も説明できない学生が，なんで最終面接に残っているんだ！」と叱られたそうだ．このようにレイノルズ数は流れだけでなく人生も左右するのだ．

レイノルズ数は覚えていなくても，1分あれば導出できるのだ！ 私がもし，その学生であったなら，最終面接で次のように返答する．まず，「**レイノルズ数は，運動量のドヤドヤ流束のジワジワ流束に対する比です**」と**物理的意味を述べる**．次に，「少し，時間をいただけますか？」と掌を紙，指を鉛筆の代わりにして，レイノルズ数の導出に入る．

$$\frac{\text{ドヤドヤ流束}}{\text{ジワジワ流束}} = \frac{\rho v_x v_z}{-\mu \dfrac{\partial v_x}{\partial z}} \tag{4.44}$$

v_x や v_z の代表値には U という代表速度を，z には d という代表長さを使い，符号や下付き添え字を取り去って，

$$\Rightarrow \frac{\rho UU}{\mu \dfrac{U}{d}} = \frac{\rho Ud}{\mu} \tag{4.45}$$

「レイノルズ数は，密度，掛ける，代表速度，掛ける，代表長さ，割る，粘度で定義されます」．さらには，「**レイノルズ数の値から，層流か乱流かを判定できます．**2300が分かれ目です」と答えたら，重役は驚嘆して「きみ，是非，うちに来てくれ！」と面接での禁句を発し，後で人事担当者から叱られるはずだ．

TOIChE【13】答え

無次元数は覚えなくても，自力でつくることができる．そうなると，物理的意味（physical meaning）もわかる．会社化学で初めに習う無次元数レイノルズ数（Reynolds number）をつくってみる．全運動量流束からつくる．

$$M_{xz} = -\mu \frac{\partial v_x}{\partial z} + \rho v_x v_z$$

第 2 項（対流流束）の第 1 項（拡散流束）に対する絶対値の比がレイノルズ数である．

$$\frac{|\rho v_x v_z|}{\left| -\mu \frac{\partial v_x}{\partial z} \right|}$$

ここに，速度の代表値として U（例えば，線速），長さの代表値として d（例えば，管径）をこの式に代入すると，

$$\text{レイノルズ数} = \frac{\boxed{\rho UU}}{\boxed{\mu \frac{U}{d}}} = \frac{\rho U d}{\mu}$$

レイノルズ数 2100〜2500 を境にして，それより小さいなら層流，大きいなら乱流であると流れの様子を判定できる．

第4章

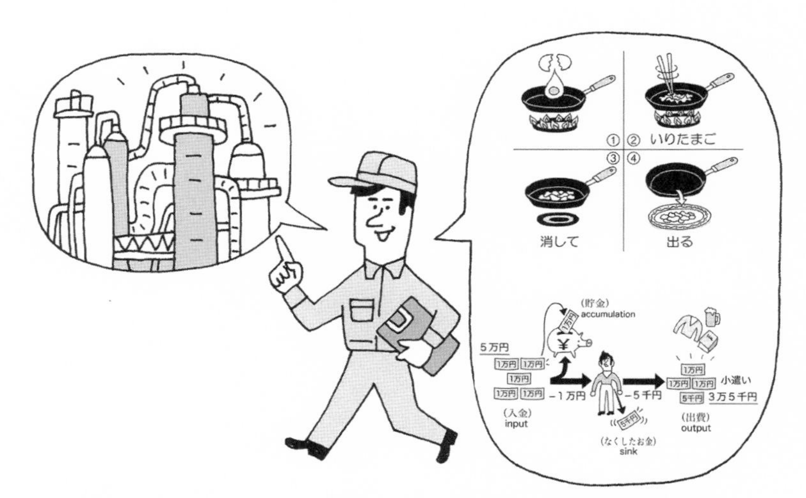

図 4.4　会社に入ったら「会社化学」:「大学化学」だけじゃ困っちゃう

これで TOIChE（トーイチェ）20 問のうち，13 問を解き終わった．ここまで，「移動速度論」という会社化学の基礎の一つを学んだ.「有機化学」「無機化学」「物理化学」「分析化学」「量子化学」は解答に不要だった．やはり**「化学」と「化学工学（会社化学)」は異質である．だからこそ，化学会社は「大学化学」に加えて「会社化学」としての「化学工学」の知識やセンスを社員に要求するのだろう．**社員，会社，そして社会の利益のためである．

「移動速度論」の理解に必要なのは「物理的イメージが貼りついた」数学だった．この数学なら，なんとかついていける．むしろ，身の回りで起きている現象を式に表せるんだと知り感動する人だっているはずだ．「前を向いた」私はそうだった．

ここまでは，マヒモ流束の定義式と，マヒモの収支式だった．ここまででも，「会社にとっては小さな一歩だが，社員にとっては偉大な飛躍である」．これから先，収支式は大活躍する（**図 4.4**）．

TOIChE【14】～【17】の解説
「会社化学」の方法論 その 2
総括反応速度論

理想形の一つ：槽内で濃度が一様

TOIChE【14】

「完全混合回分式反応槽」（容積 V [m^3]）内で液中の成分 A が一次反応によって消失する．このとき，成分 A の濃度 C_A の時間変化を表すために，槽全体で物質収支式を書きなさい．ただし，反応速度定数を k_1 [1/s] とする．これは非定常状態の解析の典型例である．

入：　　　－　溜：　　　－　消：　　　＝　出：

変形すると，

$$-(C_A|_{t+\Delta t}-C_A|_t)V=k_1C_AV\Delta t$$

「微分コンシャス」して，

$$\boxed{} = \boxed{}$$

これは物理化学の「反応速度論」で習う一次反応式と同じ形である．しかし，それとは違い，これは物質収支式である．「槽内の濃度を一様」とモデリングしている．

いよいよここから化学反応の香りがしてくる．会社の工場を訪ねると，基礎研究所が隣接していることがある．基礎研究所には，新しい素材・材料の開発や反応の改良・探索に関わる，作製，分析，評価解析など，さまざまな部門が入っている．小さい規模で数多くのトライアルが必要になるため，実験室ではビーカーや試験管を使った研究が実施される．どちらかというと，基礎研究所での化学は「会社化学」ではなく「大学化学」に近い．

完全混合は，complete mixing の日本語訳である．一回分の反応を実施するので，「回分式（batch mode）」反応器と呼ばれている．もう一つの反応器の典

図 5.1　ビーカースケールでの実験

図 5.2　スケールアップ：期待と不安

型は次の TOIChE【15】で学ぶ押出し流れ管型反応器である．こちらは連続して原料を流通させ反応させるので「流通式（flow-through mode）」反応器と呼ばれている．

ビーカーに入れた水に塩を溶かそう．私は人工海水をつくるときにこの作業を何度も実施した．塩化ナトリウムは溶けにくい塩で，温度を上げてもそれほど溶けやすくはならない．速く溶かそうと，水をかき回す．テフロンコーティングされた長さ 3 cm ほどの白い攪拌バーを投げ込み，マグネットスターラーを使って攪拌するのが実験室の風景である（**図 5.1**）．もちろん，カップ麺を食べたときに使った割り箸を洗って，手で攪拌してもよい．

塩の種類によっては，溶解に伴い吸熱する塩（例えば，硝酸アンモニウム）がある．ガラス製ビーカーの外壁がだんだんと曇ってくる．こうなると，ビーカー内は，質量，熱，そして運動量，すなわち「マヒモ」の共演の場である．

実験室のビーカーのサイズはせいぜい 1 L 程度だろう．工場ならその 1000 倍の 1000 L（1 m^3）程度の容器（装置）になる．この容器サイズの飛躍をスケールアップと呼んでいる．そうなると，攪拌装置に工夫が必要だ．攪拌棒だけでは効果が上がらないから，翼をつける．「翼の形や枚数をどうしよう？」となる．しかも，「装置の底からどの高さで翼を回すとよいだろうか？」と考え，決めることになる（**図 5.2**）．

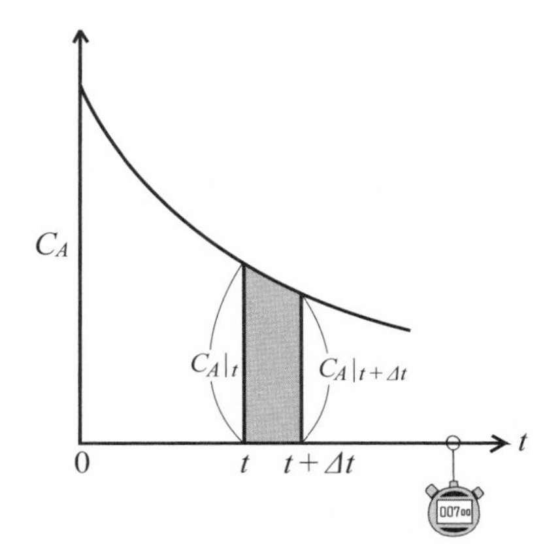

図 5.3 完全混合回分式反応槽内での成分 A の時間変化：
収支式を立てる微小期間（$t \sim t+\Delta t$）

実験室で使うビーカーのサイズなら，吸熱や発熱があっても，そのうちなんとかなるだろうと放置していた．しかし，工場で採用する装置は大きいため，冷え切って薬品が溶けにくくなったり，液温が上がってほかの成分が分解したりすると困るので，ジャケットを取りつけて装置を囲む．そのジャケット内に液を循環させて，熱を与えたり，奪ったりする．このように，スケールアップするとそれなりの手当てが必要になる．

さて，完全混合回分式反応槽の設計に戻ろう．「完全混合」というのは，混合の度合いが完全だということ，すなわち，**反応器のどこをとっても，同じ時刻で，成分 A の濃度が等しい**ということである．私は当初，「なるほどねえ」と「完全」に信じてしまったが，よく考えれば**これは理想の形だ**．どんなに込み合う駅でも，エスカレータの裏には誰もいないのと同じだ．

しばらくして，淀んでいる空間があると習った．しかし，理想形のほうが定量化へ進みやすいのでよい．反応槽内の流れが複雑だからといって何もしないより，ずっとよい．「入溜消出」の収支 4 項を揃えて，「お小遣いの 5 万円どうなった？」に則って**収支式を立てよう．時間 $t \sim t+\Delta t$ の微小期間（図 5.3）で，**

(入) − (溜) − (消) = (出)

$$\text{ゼロ} - (C_A|_{t+\Delta t} - C_A|_t)V - (R_A \times V)\Delta t = \text{ゼロ} \tag{5.1}$$

この場合，収支をとる場は反応槽を囲んだ空間である．ここで，V は反応槽の

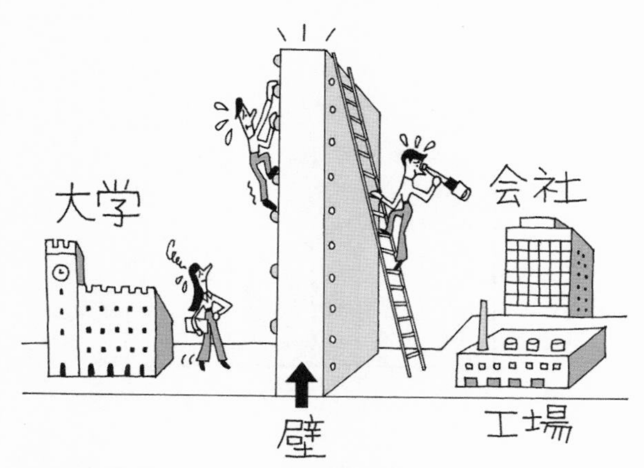

図 5.4　「大学化学」と「会社化学」の間にそびえる壁

液体積（容積）[m^3]（反応前後で一定とする）である．㊇と㊥がゼロで，㊧がある．㊧をゼロとしないのだから，完全混合回分式反応槽という場は非定常状態である．

次に「微分コンシャス」する．ここでは（$C_A|_{t+\Delta t} - C_A|_t$）と$\Delta t$の共存に気がついて，$\Delta t$が分母になるように移項して，

$$-(C_A|_{t+\Delta t} - C_A|_t) = R_A \Delta t \tag{5.2}$$

$$-\frac{C_A|_{t+\Delta t} - C_A|_t}{\Delta t} = R_A \tag{5.3}$$

㊫にあたるR_Aは反応速度 [kg-A/(m^3 s)] である．C_A[kg-A/m^3] について一次の反応なら反応速度定数k_1[1/s] を使って次式で表される．

$$R_A = k_1 C_A \tag{5.4}$$

すると，収支式は，Δt →ゼロとして

$$\frac{\partial C_A}{\partial t} = -k_1 C_A \tag{5.5}$$

「この式なら，大学時代に物理化学の『反応速度』の項目で習いました」という人がいる．

$$\frac{dC_A}{dt} = -k_1 C_A \tag{5.6}$$

「そうじゃないんだ！」と私は言い放ちたい．**物理化学で習う一次反応の速度式は確かにこの式だ．しかし，それは「反応速度が濃度の一次に比例する」を定式化しただけで，そこには「場」（ここでは反応槽）の意識がないし，収支式の原理がない．それだから，「大学化学」は，スケールアップを要請される「会社化学」に対応できない．**式の形は同じでも，意識の広さと深さが違うのだ．「大学化学」と「会社化学」の間には壁がある（**図 5.4**）．乗り越えるには意識改革が必須．

この本は，数学的には偏微分記号 ∂（ラウンド）でなくて常微分記号 d でよいのに，∂ にこだわる．時空を意識しているのだ．場の中に濃度の分布がない「完全混合」だから，∂x，∂y，∂z はここでは退去している．だからこの微分方程式は紙と鉛筆があれば解ける．「完全混合」ありがとう！

第5章

TOIChE【14】答え

「完全混合回分式反応槽」（容積 V [m^3]）内で液中の成分 A が一次反応によって消失する．このとき，成分 A の濃度 C_A の時間変化を表すために，槽全体で物質収支式を書きなさい．ただし，反応速度定数を k_1 [1/s] とする．これは非定常状態の解析の典型例である．

$$\boxed{\text{入：ゼロ}} - \boxed{\text{溜：}(C_A|_{t+\Delta t} - C_A|_t)V} - \boxed{\text{消：}k_1 C_A V \Delta t} = \boxed{\text{出：ゼロ}}$$

変形すると，

$$-(C_A|_{t+\Delta t} - C_A|_t)V = k_1 C_A V \Delta t$$

「微分コンシャス」して，

$$\boxed{\frac{\partial C_A}{\partial t}} = \boxed{-k_1 C_A}$$

これは物理化学の「反応速度論」で習う一次反応式と同じ形である．しかし，それとは違い，これは物質収支式である．「槽内の濃度を一様」とモデリングしている．

もう一つの理想形：コルク栓のように管内を流れる

TOIChE【15】

「押出し流れ管型反応器」（管径 d[m]）の管内壁に塗られた触媒によって成分 A が一次反応で消失する．定常状態に達しているとして，成分 A の濃度 C_A の管長

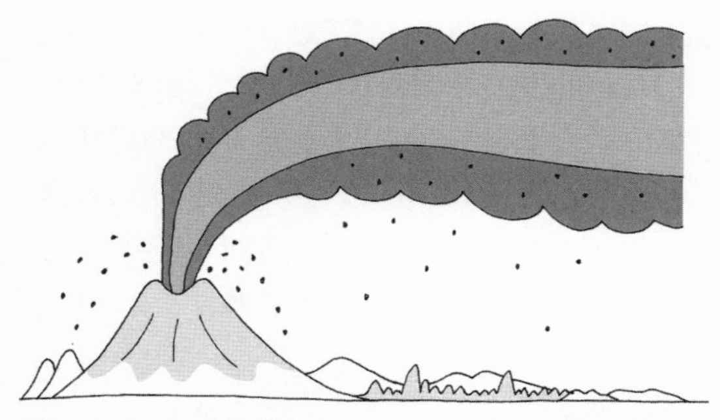

図 5.5　火口で鬼が岩を押し，1783 年に浅間山が噴火した…目撃者はいない

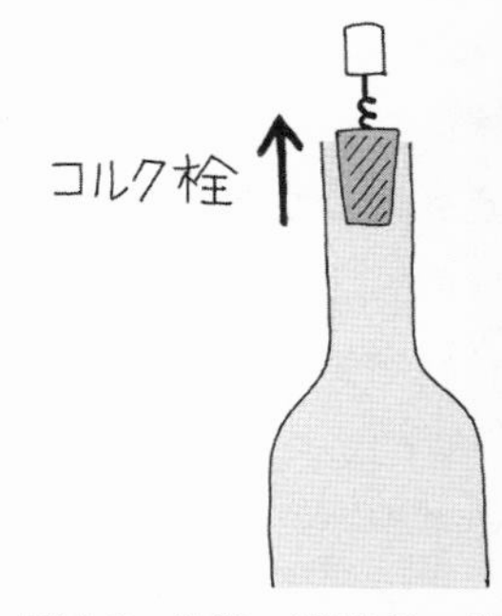

図 5.6　栓流：速度が一様（フラット）な流れ

さ方向の分布を表すために，管長さ方向の微小区間（Δz）で物質収支式を書きなさい．ただし，流量を F [m^3/s]，反応速度定数を k_{S1} [m/s] とする．これは定常状態の解析の典型例である．

入：　　　 − 溜：　　　 − 消：　　　　　 ＝ 出：

変形すると，

$$-(\pi \mathrm{d}\Delta z)k_{S1}C_A = F(C_A|_{z+\Delta z} - C_A|_z)$$

「微分コンシャス」して

$$\frac{F}{\pi \mathrm{d}}\boxed{} = \boxed{}$$

「管断面での速度が一様（管内をコルク栓が動くようなので plug flow と呼ぶ）」という流れを仮定している．

「鬼押出し園」という観光名所が群馬県吾妻郡嬬恋村にある．浅間山が 1783（天明 3）年に噴火してできた場所だ．噴火の様子を描いた絵がひどく恐ろしい（**図 5.5**）．

「鬼押出し園」の展望テラスに出ると，背後に雄大な浅間山があるので 360 度とはいえないまでも 260 度ほどの視界があって，目の前に広大な樹林，遠くに左から右へ新潟，群馬，そして栃木の山々が連なっている．すばらしい眺めだ．私は 11 月下旬にそこを訪ねたので新潟の山々は雪化粧をしていた．

一方，足元をみると，ゴツゴツした黒い奇岩が無秩序に並んでいる．鹿児島の桜島をサイクリングしたときの風景を思い出させる．浅間山の噴火に伴って噴出したドロドロの溶岩が火口から滑り落ち，山の中腹で冷えて固まった．噴火を目のあたりにした当時の人々が，火口にいる鬼が暴れて岩を押出したと考えたので，「鬼押出し」と名付けたのだという．

さて，「押出し」つながりで「押出し流れ管型反応器」を説明したい．“plug flow”を「押出し流れ」と日本語に訳した．plugは「栓」のことだから“plug flow”は「栓流」だ．これではわかりにくいというので先達が「押出し流れ」としたのだと思う．しかし，「栓」の前に「コルク」をつけて「コルク栓管型反応器」と訳せば，わかりやすくなると私は思う．

ワインのコルク栓を開けるときには，コルクスクリューを使って，まず先をコルク栓に食い込ませ，次にコルク栓を引っ張る．すると，15 cmほどのワイン瓶の先の中をコルク栓はその形のままグイグイと動く．そうそう，あの動きだ（**図5.6**）．あのコルクの動きを反応管内の液の動きとして想像してほしい．

私は最初，「なるほどなあ」と思ったが，数カ月後には「軸方向混合拡散」という用語を習い，**現実には，流体（液体や気体）はコルク栓の動きのように管内を流れてはいないと知った．管内の流れの速度分布によって管の半径方向にも軸方向にも濃度 C_A が混ざるのだ**．しかし，それを定量化するのには悩むだろう．悩んではいられない．前へ進もう．**理想形を「押出」そう．**

この場合，**成分 A の物質収支をとる場は管型反応器の途中の微小区間（長さ方向で，z～$z+\Delta z$ の区間）である（図5.7）**．成分 A は，管の長さ方向 z の位置で㊀入って，管壁での反応で㊀消えて，その後，$z+\Delta z$ の位置で㊀出る．そして，定常状態を仮定するから㊀溜の項はゼロとする．触媒反応が起きる微小区間の壁の面積は $\pi d\Delta z$.「入溜消出」の収支4項を揃えて，「お小遣いの5万円どうなった？」に則って，微小時間 Δt 内に，z～$z+\Delta z$ の微小区間内で収支式を立てよう．

$$\text{(入)} \quad - \text{(溜)} - \quad \text{(消)} \quad = \quad \text{(出)}$$

$$F\Delta t\, C_A|_z - \text{ゼロ} - (R_{sA}\times\pi d\Delta z\Delta t) = F\Delta t\, C_A|_{z+\Delta z} \tag{5.7}$$

ここで，F は流量［m^3/s］である．「微分コンシャス」すると，ここでは $(C_A|_{z+\Delta t} - C_A|_z)$ と Δz の共存に気がついて，Δz が分母になるように移項する．微小時間 Δt は全項にあるから消せる．

$$F\,C_A|_z - (R_{sA}\times\pi d\Delta z) = F\,C_A|_{z+\Delta z} \tag{5.8}$$

$$-(R_{sA}\times\pi d\Delta z) = F(C_A|_{z+\Delta z} - C_A|_z) \tag{5.9}$$

第5章

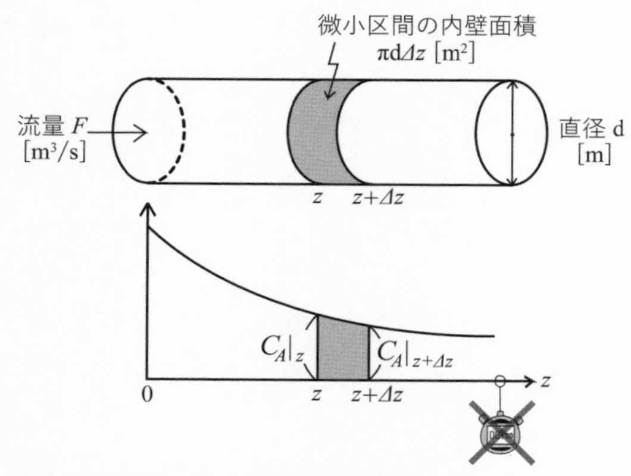

図 5.7　押出し流れ管型反応器内での成分 A の軸方向分布：収支式を立てる微小区間（$z \sim z+\Delta z$）

微分形になりそうな右辺を左辺にもってくると，

$$\frac{F(C_A|_{z+\Delta z} - C_A|_z)}{\Delta z} = -\pi \mathrm{d} R_{sA} \tag{5.10}$$

ここで，管の壁面積あたりの反応速度 R_{sA}[kg-A/(m^2 s)] が成分 A の濃度 C_A [kg-A/m^3] についての一次の反応なら，

$$R_{sA} = k_{S1} C_A \tag{5.11}$$

を代入して，

$$\frac{F(C_A|_{z+\Delta z} - C_A|_z)}{\Delta z} = -\pi \mathrm{d} k_{S1} C_A \tag{5.12}$$

$$F\frac{\partial C_A}{\partial z} = -\pi \mathrm{d} k_{S1} C_A \tag{5.13}$$

$$\frac{F}{\pi \mathrm{d}}\frac{\partial C_A}{\partial z} = -k_{S1} C_A \tag{5.14}$$

なお，流量 F [m^3/s] は，流速 u [m/s] に管の断面積を掛けた値である．

$$F = u\frac{\pi \mathrm{d}^2}{4} \tag{5.15}$$

「押出し流れ」という理想形のおかげで紙と鉛筆があれば微分方程式を解ける．ありがたや，ありがたや．

TOIChE【15】答え

「押出し流れ管型反応器」（管径 d[m]）の管内壁に塗られた触媒によって成分 A が一次反応で消失する．定常状態に達しているとして，成分 A の濃度 C_A の管長さ方向の分布を表すために，管長さ方向の微小区間（Δz）で物質収支式を書きなさい．ただし，流量を F [m^3/s]，反応速度定数を k_{S1} [m/s] とする．これは定常状態の解析の典型例である．

$$\boxed{入：FC_A|_z} - \boxed{溜：ゼロ} - \boxed{消：(\pi \mathrm{d}\Delta z)k_{S1}C_A} = \boxed{出：FC_A|_{z+\Delta z}}$$

変形すると，

$$-(\pi \mathrm{d}\Delta z)k_{S1}C_A = F(C_A|_{z+\Delta z} - C_A|_z)$$

「微分コンシャス」して

$$\frac{F}{\pi \mathrm{d}} \boxed{\frac{\partial C_A}{\partial z}} = \boxed{-k_{S1}C_A}$$

「管断面での速度が一様（管内をコルク栓が動くようなので plug flow と呼ぶ）」という流れを仮定している．

スカスカ＆クネクネで孔構造を表現

TOIChE【16】

空孔度 ε（「スカスカ」度，$\varepsilon < 1$），屈曲度 τ（「クネクネ」度，$\tau > 1$）をもつ粒子状の多孔性担体に触媒が担持されている．粒子内部へ成分 A が拡散しながら，内部孔表面に担持された触媒と出会って反応する．このとき，触媒内の A の拡散流束（触媒内の単位面積の検査面を単位時間に通過する A の量）を J_{Ar} とおき，フィックの法則によって表すと，

$$J_{Ar} = -D_{Ae}\frac{\partial C_A}{\partial r}$$

ここで，D_{Ae} は有効拡散係数と呼ぶ．D_{Ae} は空孔度 ε と屈曲度 τ を使うと，次式で表される．

$$D_{Ae} = \boxed{}\, D_A$$

触媒の分類法はいろいろある．液体にも気体にも溶けない固体触媒と，液体に溶ける触媒があって，液体に溶けて働く触媒の代表は私たちの体内にある酵素だ．唾液にはアミラーゼ，胃液にはペプシン，腸液にはプロテアーゼ，リパーゼといった消化酵素が含まれている．私たちは，日々，多種多様な酵素を自ら生産し，使用して，廃棄している．

学生にいつも言ってきた．「牛丼を夕食でたらふく食べても，朝になって角が生えてこないのは酵素のおかげだ．Good モー ning だ．いろいろな酵素が連携して，牛肉を分解し，ヒトの細胞をつくる部品に変えてくれている」．ついでに，「豚丼をたらふく食べても，トンでもないことにはならない」のも酵素のおかげだ．

高校の生物の時間に酵素を習ったせいで，大学院生になっても酵素を生物だと思っていた．しかし，酵素はタンパク質の一群であり，多数のアミノ酸が縮合してできた高分子である．生体がつくる高分子である．よって，酵素は，生物で習うけれども生き物ではない．

働きのよい酵素をつくっては捨てているのがもったいないので，液に溶けている酵素を取り出して固体に固定して使う「固定化酵素」というアイデアが出された．酵素は分子量1万〜数十万におよぶ高分子なので，形（コンフォメーション）が精緻だ．その精緻な構造の内部に活性点という「穴」があって，そこで触媒反応を起こす．したがって，酵素の精緻な構造をできる限り保持する固定方法が求められる．

白金（Pt），パラジウム（Pd），ロジウム（Rh）といった貴金属は，固体の触媒として利用されてきた．例えば，ガソリン車の排気ガス処理用の触媒として，あるいは燃料電池の電極での触媒として利用されている．なんといっても高価な元素なので，微粒子にして表面積を増やして，貴金属の使用量を最小限に済ませたい．

貴金属を微粒子にしただけでは取り扱いに困る．吹けば飛んでいってしまうからだ．そこで，触媒反応向けに，不活性な材料に貴金属の微粒子を固定することが考案された．こうした固定を触媒の世界では，「固定」ではなく「担持」と呼ぶことが多い．さらに，孔が多く開いた材料だと担持するための広い面積を供給できるので都合がよい．**広い面積に，貴金属の細かい粒子を数多く担持して，高性能な触媒にしようという作戦だ．**

多孔性というくらいだから，体積の半分以上は「孔」であってほしい．「孔

図 5.8　多孔性材料内部は洞窟構造：「スカスカ」＆「クネクネ」

(pore)」は入口と出口がある．「穴（hole)」は入口があって底がある．「洞穴」「落とし穴」とは書いても「洞孔」「落とし孔」とは書かない（**図 5.8**）．多孔性材料というときには孔のサイズは大きくても 10 μm（0.01 mm）程度だ．サイズが大きくなって 100 μm になると孔というより空隙と呼ぶようになる．

私は長く，高分子製の多孔性材料を研究に使ってきたので「多孔性」には詳しい．ここから「大学化学」へ大きく脱線する．当時，旭化成工業（株)（現在，旭化成（株)）から提供いただいた「ポリエチレン製多孔性膜」は平膜状で厚さは 100 μm であった．「多孔性」という膜では，孔の体積割合（「空孔率」と呼ぶ）は 70％（「空孔度」でいうと，100 で割って 0.70）ほど，孔のサイズは 0.5 μm，そして孔はスポンジのように連結していた．スーパーのサッカー台にある包装用ポリエチレンフィルムは透明または半透明のポリマーであるけれども，この多孔性膜は孔に光が乱反射して白かった．

μ は 10^{-6} を指す．μ は micro を「ミクロ」と日本語で読むことがある．例えば，私が中学生の頃に見た「ミクロの決死圏」(原題：“*Fantastic Voyage*”（幻想的航海)，1966 年）というアメリカ SF 映画があった．また，μm（10^{-6} m）という長さの単位を日本語で「ミクロン」と呼ぶことがある．しかし，英語では「ミクロ」「ミクロン」ではなく，それぞれ「マイクロ」「マイクロン」と読む．

多孔性材料（この場合，高分子製に限らず，無機化合物製も含める）に貴金属粒子を担持して触媒反応を進行させることは，製品のコストを下げるために化学会社として当然の戦略である．多孔性粒子に触媒を固定して，その粒子を円筒状装置に多数充填し，そこへ原料成分 A を含む流体を流す．すると，流体が装置を流れて通る間に，成分 A は多孔性粒子の外部表面の孔から内部にジワジワと拡散移動して，内部表面に担持された触媒に接近し反応を起こす．成分 A の濃度が減り濃度勾配が生じてジワジワ拡散が続く．その結果，製品成分 B が生成する．原料成分 A から製品成分 B の連続生産が完成する．

さて，TOIChE【16】にようやく戻ろう．多孔性触媒粒子内部でのジワジワの質量流束を式に表さないと，収支式に反応の項㊈を組み込むことができない．**ジワジワ表現なら，頼りはフィックの法則である．収支式では，多孔性材料の孔の部分も孔でない部分も含んでいる面積に，ジワジワ質量流束を掛け算する．** しかし，成分 A は孔だけを通って固体部分は通れない．孔内部へ拡散していく面積は，空孔度を ε として $S\varepsilon$ で算出される．さらに，**孔はクネクネと曲がっているから，拡散移動の方向は収支式を立てる軸の方向（ここでは粒子を考えているので $\boldsymbol{r}$ 軸）に一致しない．成分 $\boldsymbol{A}$ は $\boldsymbol{r}$ 方向の微小区間 $\boldsymbol{\Delta r}$ より長く移動する必要があり，** その距離は屈曲度 τ を使って $\tau\Delta r$ で算出される．

そこで，

$$D_{Ae} = \frac{\varepsilon}{\tau} D_A \tag{5.16}$$

という拡散係数（有効拡散係数と名付ける）を定義しておく．多孔性触媒粒子内部での r 方向のフィックの法則は，

$$J_{Ar} = -D_{Ae}\frac{\partial C_A}{\partial r} \tag{5.17}$$

と表される．収支式でのジワジワ質量移動の項では面積を掛けるから，

$$SJ_{Ar} = -SD_{Ae}\frac{\partial C_A}{\partial r} \tag{5.18}$$

$$= -S\frac{\varepsilon}{\tau} D_A \frac{\partial C_A}{\partial r} \tag{5.19}$$

文字を組み替えると，

$$= -(S\varepsilon) D_A \frac{\partial C_A}{\partial (\tau r)} \tag{5.20}$$

図 5.9　多孔性粒子の孔構造を空孔度 ε と屈曲度 τ で表現

こうみると，**拡散移動できる孔の部分の面積（$S\varepsilon$）とクネクネ動く距離（τr）が考慮された表現になっている**．多孔性粒子内のジワジワ物質移動を空孔度と屈曲度を使って表現できた（**図 5.9**）．

第5章

TOIChE【16】答え

空孔度 ε（「スカスカ」度，$\varepsilon<1$），屈曲度 τ（「クネクネ」度，$\tau>1$）をもつ粒子状の多孔性担体に触媒が担持されている．粒子内部へ成分 A が拡散しながら，内部孔表面に担持された触媒と出会って反応する．このとき，触媒内の A の拡散流束（触媒内の単位面積の検査面を単位時間に通過する A の量）を J_{Ar} とおき，フィックの法則によって表すと，

$$J_{Ar} = -D_{Ae}\frac{\partial C_A}{\partial r}$$

ここで，D_{Ae} は有効拡散係数と呼ぶ．D_{Ae} は空孔度 ε と屈曲度 τ を使うと，次式で表される．

$$D_{Ae} = \boxed{\frac{\varepsilon}{\tau}} D_A$$

活性炭 1 g に 1000 m^2 の内部表面積

TOIChE【17】

吸着にしても触媒反応にしても，多孔性吸着材や多孔性触媒の内部表面で起きる．したがって，その表面積［m^2］が重要になる．その性能は吸着材や触媒の重

量 [kg] あたりの値で評価される．そうなると，重量あたりに吸着材や触媒が有する表面積がさらに大切である．この値を［　　　］と呼ぶ．その単位は [m^2/kg] である．

吸着材の代表は昔から「活性炭（activated carbon）」である．私は3種類の活性炭を入手して，研究に使ったことがある．またもや「大学化学」への脱線だ．一つは粒状の活性炭．タケダのブランドで「白鷺」(しらさぎ)(当時，武田薬品工業（株）が製造していた．現在は，大阪ガスケミカル（株）に引き継がれている)．黒くて，ゴツゴツした手触りだった．フィリピンやマレーシアのヤシ殻（coconut shell）を水蒸気で処理（専門用語で「賦活」(ふかつ)，**活**性を**賦**与したという意味）して内部にたくさんの孔を開けた炭である．1gあたり 1000～1500 m^2 の表面積をもつ活性炭が多い．

次の一つは真球状の活性炭．大学院生のときに，指導教員のM教授が，呉羽化学工業（株）(2005年，(株)クレハに社名変更）の福島県勿来（なこそ）工場の見学に研究室全員を連れていってくださった．そこで，重質油の分解装置を見た．その技術から派生して，真ん丸くてサイズの揃った活性炭を製造していると説明を受けた．

その活性炭（製品名：BAC，**b**ead-shaped **a**ctivated **c**arbon）を提供していただいた．研究室で床にうっかりこぼしてしまったら，その上に乗った私は足をとられた．「内部に多くの孔が開いていて表面積が大きく，さまざまな有機物が吸着する」真球の活性炭は，お腹の中で脂肪分を吸着除去し，便として体外へ排出する医薬品として使用されている．スティック状の袋に入っていて，真ん丸いので飲みやすいそうだ．もちろん出やすい．

最後の一つは繊維状の活性炭，正式名称「活性炭素繊維」．電車の車両では，弁当を食べたり，お茶を飲んだり，おやつを頬張ったりするので，いろんなにおいがしてくる．一昔前は，たばこも吸えた．やがて喫煙車ができ，そして全車両禁煙車となった．

車両にはエアコンがついていて空気を循環しながら，においを除去する（消臭する）こともしている．粒子状活性炭を使うと，車両の揺れで活性炭の粒同士がぶつかったり，擦れたりして，運行距離が増えていくにつれ，粉が発生する．煎餅の入った袋を揺すると，袋の下隅に煎餅の粉ができるのと同じである．粉になると空気が通りにくくなる．流通抵抗が高まる．

そこで登場したのが繊維状活性炭である．活性炭を繊維状にしたのではなく，アクリル繊維やセルロース繊維を炭化してつくる．だから，「活性炭繊維」ではなく「活性炭素繊維」という名がついた．ヤシ殻からつくる粒状の活性炭に比べたら，もちろん高価だ．

活性炭がさまざまな物質を大量に吸着するのは，内部の孔が提供する大きな表面積のおかげだ．単位重量あたりの表面積が吸着性能の目安となる．「表面積」の前に「比」をつけて「比表面積」と呼んでいる． したがって，単位は m^2/g である．m^2/kg としたいところだけれども，昔から g あたりの数字が採用されてきた．比表面積［m^2/g］を，比重［g/cm^3］や比熱［J/(kg ℃)］の仲間として覚えてもらいたい．

（重量）比表面積：重量に対する表面積の比：(表面積)/(重量)

比表面積には，孔の割合と孔のサイズの分布（「細孔径分布」と呼ぶ）が関連する．大雑把にいうと，孔の割合が多くて，孔のサイズが小さいと比表面積は増える．ただし，吸着対象成分のサイズより小さい孔は吸着に役立たない．

吸着材の内部孔の表面に窒素分子をめいっぱい，とはいっても一層だけ吸着させて比表面積を測定する．吸着した窒素の分子数に窒素の分子占有面積を掛け算すれば面積が算出される．複雑な形の洞窟に入って，「表面積を測りたい」と思ったら，折り紙を大量に購入してきて，洞窟内部の表面に，重ならないように全面にペタペタ貼る．それに要した枚数に折り紙 1 枚の面積を掛け算すればよい．暗い中で隅々まで貼るには危険を伴うが….

TOIChE【17】答え

吸着にしても触媒反応にしても，多孔性吸着材や多孔性触媒の内部表面で起きる．したがって，その表面積［m^2］が重要になる．その性能は吸着材や触媒の重量［kg］あたりの値で評価される．そうなると，重量あたりに吸着材や触媒が有する表面積がさらに大切である．この値を 比表面積 と呼ぶ．その単位は［m^2/kg］である．

化学工学の三本柱のうち，「移動速度論」「総括反応速度論」の 2 つを学び終えた．残るは，「異相間物質移動のモデリング」だ．

第6章

TOIChE【18】〜【20】の解説
「会社化学」の方法論 その3
異相間物質移動のモデリング

時空の変数が2つ以上だと偏微分

TOIChE【18】

モデリングをするとき，まず初めに，集中モデルと分布モデルのどちらかを選択する．直角座標系なら，濃度は一般には

C_A = function(t, x, y, z)

と表記される．時間（t）で変化しつつ，空間（x, y, z）で分布する．このままでは，たいへん複雑なので困ってしまう．そこで，空間分布を平均化して濃度を「点」として収支式を立てようとするのが集中モデルである．一方，一方向でもよいから空間分布を考慮して収支式を立てようとするのが分布モデルである．

例えば，TOIChE【14】は C_A=function(t) とおいた［　　］モデル，得られた収支式は時間に関する［　］微分方程式となる．【15】は C_A=function(z) とおいた［　　］モデル，得られた収支式は長さ方向 z に関する［　］微分方程式となる．なお，分布モデルで，C_A=function(t, x, y, z) のうち，右辺の2つ以上の変数を採用すると，偏微分方程式が得られる．

現実は複雑である．一方，人は，いや少なくとも私は単純である．化学プロセスやそれを構成する化学装置は先人が設計したとはいえ，後人には十分に複雑である．化学装置の内部で起きている現象内では，マヒモ，すなわち質量，熱，運動量が絡みつつ移動している．しかも，現象の起きている場には，気相，液相，そして固相が混在していることも多い．

モデルをつくって複雑さから抜け出すことができる．ファッションモデルは，洋服や和服が似合う人である．内面は問わない．プラモデルは実物を小さくして，軽い素材（プラスチック）を使って作製した模型である．機能は問わない．

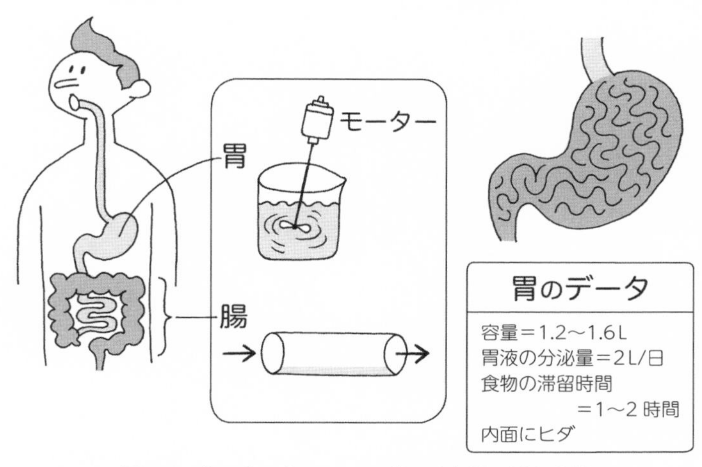

図 6.1　体の中にある２つの型の反応器：胃と小腸

時間を止めることはできなくても，ストップウォッチを使えばゼロから開始できる．また，空間には座標を自由に設定できる．私たちの胃は食べ物を受け入れて，酵素を胃の壁から供給し，自ら動いて，食べ物を消化する反応器である（**図 6.1**）．胃が上手に動いてよく混ざっているなら，食べ物成分は胃の中で一様と考えてよい．すると，胃の中での食べ物中のある成分の濃度は時間で決まる関数となる．

$$\text{胃の中の食べ物成分の濃度} = \text{function}(t) \tag{6.1}$$

ここで，t = ゼロは食べ物が胃の入口から入った時刻としてよい．

これに対して，胃で消化された食べ物が小腸へ移動すると，小腸の壁から酵素が供給される．小腸内で消化がさらに進み，同時に消化物が壁から吸収されるという仕組みをもつ反応器である（**図 6.2**）．小腸は直径約 4 cm，全長約 6 m ほどの円管だから，管の軸（z 軸）に沿った円柱座標を設定しよう．円柱座標での r 方向や θ 方向に食べ物成分は一様としてよいだろう．すると，小腸内での濃度は時間と小腸入口からの距離で決まる関数となる．

$$\text{小腸内の食べ物成分の濃度} = \text{function}(t, z) \tag{6.2}$$

濃度や温度が空間で一様（分布がなく均一）と考えて，時間によってのみ変化すると考えるモデリングを「集中モデル」と呼んでいる．濃度や温度を一つの

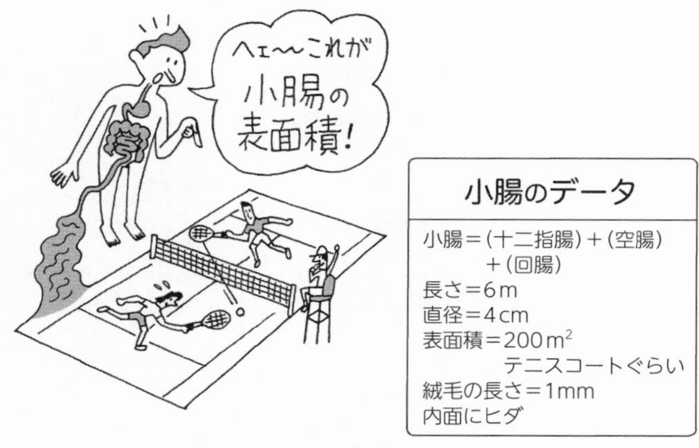

図 6.2　腸管と腸壁

値（点）として集中させるから，この名がついたのだろう．これに対して，濃度や温度が空間に分布すると考えるモデリングを「分布モデル」と呼ぶ．

直角座標での解析：　function(t, x, y, z)　　(6.3)

円柱座標での解析：　function(t, r, θ, z)　　(6.4)

球座標での解析　：　function(t, r, θ, ϕ)　　(6.5)

時空の 4 つの変数のうち，時間でも座標でも，1 つだけの変数を採用して，微小期間や微小区間で収支式を立てると，常微分方程式になる．2 つ以上の変数を採用して，同様に作業すると偏微分方程式が出来上がる．対象とするシステムが大規模になると，空間に分布があって，それが時間で変化するなら，4 つの変数をすべて含む一群の偏微分方程式さえ出来上がる．これらの式は数値解析法によって解くことになる．プログラムをつくればスパコンが答えを出してくれる．最近は，プログラムを自分でつくらなくても購入できる．

TOIChE【18】答え

モデリングをするとき，まず初めに，集中モデルと分布モデルのどちらかを選択する．直角座標系なら，濃度は一般には

$$C_A = \text{function}(t, x, y, z)$$

と表記される．時間（t）で変化しつつ，空間（x, y, z）で分布する．このままでは，

図6.3　見かけなくなった「紅茶に角砂糖」

たいへん複雑なので困ってしまう．そこで，空間分布を平均化して濃度を「点」として収支式を立てようとするのが集中モデルである．一方，一方向でもよいから空間分布を考慮して収支式を立てようとするのが分布モデルである．

例えば，TOIChE【14】は C_A=function(t) とおいた[集中]モデル，得られた収支式は時間に関する[常]微分方程式となる．【15】は C_A=function(z) とおいた[分布]モデル，得られた収支式は長さ方向 z に関する[常]微分方程式となる．なお，分布モデルで，C_A=function(t, x, y, z) のうち，右辺の 2 つ以上の変数を採用すると，偏微分方程式が得られる．

界面の境膜が薄くなると流束が上昇

TOIChE【19】

真冬には，風呂の湯の温度を 42℃ に設定する．体が温まるからである．私の体温が 36.5℃ なので，お湯に浸かったとたんに熱が体に伝わって体温が 42℃ になったらたいへんだ．体温を急激に上昇させないのは「境膜」のおかげだ．お湯の本体と皮膚表面との間にある，温度差をもつ層が境膜だ．熱いお湯でも，じーっとしていると，境膜が厚いため[　　　　]が小さく，熱流束が小さいので，長い間でも湯に入っていられる．一方，熱いお湯をかき混ぜると，境膜が薄くなるため[　　　　]が大きく，熱流束が大きくなるので，湯に入っていられない．

コーヒーに比べて，紅茶は色の透明度が高い．その紅茶に角砂糖をそおーっと投げ込むと，溶けていく様子を観察できる．角砂糖の表面が崩れていって，紅茶の液の屈折率がジワジワ変わるのがわかる．放っておくと，いつの間にか全部溶けている．しかし，放っておかずに，スプーンでドヤドヤかき混ぜると，

図 6.4　銭湯の高温浴槽で泳ぐ人を見たことがない

あっという間に角砂糖は消えてしまう（**図 6.3**）.

私は高校 2 年生まで近所の銭湯（せんとう）に通っていた.「銭湯」を知らない学生が最近多い. 洗い方がわるくシャンプーやお湯を飛ばして, 隣のおじさんに裸で叱られたこともないようだ. 銭湯に行くと, 適温の広い浴槽と高温の狭い浴槽とがある. 私も長い間生きてきたが, 銭湯や温泉で高温の浴槽で泳いでいる人を見たことがない（**図 6.4**）. 熱い浴槽に入るときには, 足からそおーっと身体を沈めていく. せっかく肩まで浸ったところで, 周りに動きがあると熱くなって浴槽を飛び出ることになる.

当初, 私はこれらの仕組みを理解できなかった. 紅茶への砂糖の溶解度は一定のはずだ. なぜ溶けるスピードが違うのか？ 体温は 36°C ほど, お湯の温度は 43°C で温度差 7°C は一定のはずだ. なぜお湯が動くと熱く感じるのか？ わからなかった.

溶解が起きている場所は, 角砂糖という「固相」と, 紅茶という「液相」の境界（界面）である. このとき, 反応が起きているわけではなく, 砂糖の物質移動が起きている. 異相間の物質移動である. 一方, 伝熱が起きているのは, 人の体という「固相」と浴槽の熱い湯という「液相」の界面である. 反応による熱の出入りはなく, 異相間で熱移動が起きている.

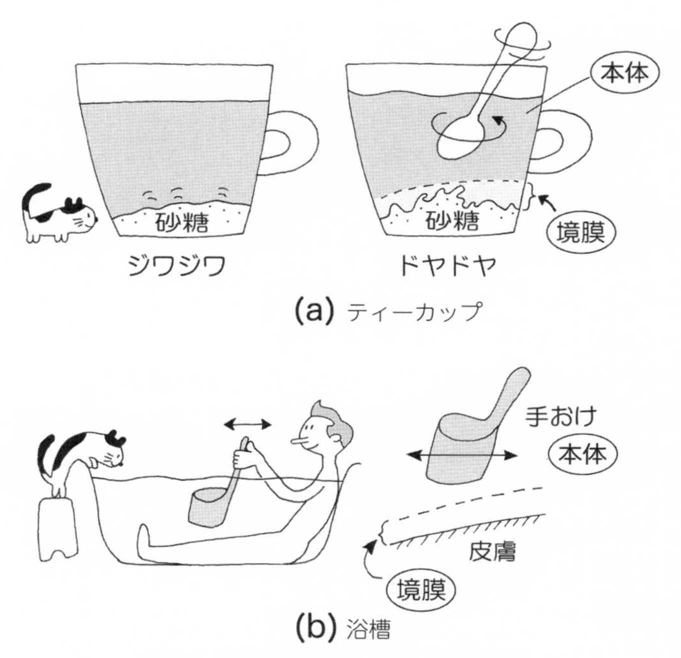

図 6.5　身近での「本体」&「境膜」の共存

第6章

「異相間の移動現象」の解析では，流体（液体や気体）の界面近傍に「境膜（フィルム，film)」という領域を設定する（図 6.5）．流体のうち**境膜ではない大半の領域は「本体（バルク，bulk)」と呼ぶ．境膜の厚さは変化する．本体の流れの度合いによって境膜は薄くなったり，厚くなったりする．**

「境膜内で流体は静止している」というモデルだから，そこでの物質移動も熱移動もジワジワ移動である．したがって，境膜の両端の濃度差や温度差が一定でも，境膜が薄くなると，濃度勾配や温度勾配が大きくなるため，ジワジワの移動速度が上がる．

$$境膜内での物質や熱の流束 \propto \frac{濃度差や温度差}{境膜の厚さ} \tag{6.6}$$

このモデリングに従うと「角砂糖」と「銭湯」の不思議を解明できる．まず，カップ内の紅茶をスプーンでかき混ぜると，液と角砂糖との界面近傍の境膜が薄くなる．すると，界面を跨ぐ物質移動の流束が増して角砂糖は速く溶ける．

溶けるにつれて刻々と角砂糖の大きさが変化するから界面の形状は複雑となる．まともに考え始めると夜眠れなくなる．

次に，銭湯の熱いほうの浴槽でじーっとしているなら我慢できても，隣に悪ガキがやってきて手足をバタバタ動かしたりすると，当方の身体近傍の境膜が薄くなって界面を跨ぐ熱流束が高まる．熱さが突き刺さる体感だ．皮膚には毛が生えているし，身体の形状すなわち界面の形状は複雑である．まともに考え出すと夜眠れなくなる．

TOIChE【19】答え

真冬には，風呂の湯の温度を42℃に設定する．体が温まるからである．私の体温が36.5℃なので，お湯に浸かったとたんに熱が体に伝わって体温が42℃になったらたいへんだ．体温を急激に上昇させないのは「境膜」のおかげだ．お湯の本体と皮膚表面との間にある，温度差をもつ層が境膜だ．熱いお湯でも，じーっとしていると，境膜が厚いため 温度勾配 が小さく，熱流束が小さいので，長い間でも湯に入っていられる．一方，熱いお湯をかき混ぜると，境膜が薄くなるため 温度勾配 が大きく，熱流束が大きくなるので，湯に入っていられない．

界面を横切る物質移動速度は比例式で表現

TOIChE【20】

吸着材（固体）と水（液体）との界面で吸着が起きるとき，油（液体）と水（液体）との界面で抽出が起きるとき，界面で移動する成分 A の物質移動流束 N_A を，液本体（バルク，bulk）での濃度 C_A と界面（インターフェイス，interface）での液側濃度 C_{Ai} の差に比例するとして定式化する．このときの比例定数を物質移動係数 k と呼ぶ．よって，k の単位を求めると［　　　］となる．

$$N_A = k(C_A - C_{Ai})$$

私たちは日頃から三相に囲まれている．気相，液相，そして固相である．例えば，水は，大気では水蒸気，低温になると氷である．私には，サラダにかけるドレッシングを手に取る度にガラス瓶の中を覗き込むくせがある．「均相」サラドレか，「異相」サラドレかを判定している．後者なら，油と水が分層しているから，よく振ってから使うのがよい．振ると，油が油滴になって水に混

図 6.6　最終講義での黒板のたった一つの式→よほど大事！

ざり，懸濁する．このように液相でも互いに混ざり合わない水と油がある．

私が大学院で所属した「物質移動」の研究室の M 教授は，私が博士課程 2 年の終了時に定年退官なさった．最終講義が盛大に行われた．いまから 40 年も前のことである．当時，パソコンはまだ普及していないから，「Word」「PowerPoint」などかけらもない．したがって，最終講義では黒板と，「本物」のスライド，カルーセル型スライドプロジェクタ，そして黒板の脇ではスクリーンが使われた．

60 歳の M 教授は，黒板に 1 つだけ式を書いて，その後はスライドでの説明だったと思う．その式だけ鮮明に覚えている．最終講義にわざわざ 1 つだけ式を登場させたのだからよほど大切だったのだ．それがこれ（**図 6.6**）！

$$N_A = k(C - C_i) \tag{6.7}$$

異相間で起きる複雑な物質移動の質量流束 N_A が，バルクでの濃度 C と界面での濃度 C_i の差に比例すると考えるモデル式だ．異相間物質移動現象を解析するのに役立つ式だ．その比例定数を物質移動係数 k としたのである． k の単位を求めよう．N_A は流束だから kg/(m^2 s)，濃度差は kg/m^3 である．そうなると，物質移動係数 k の単位は，

$$物質移動係数 k の単位：\left[\frac{\mathrm{kg}}{\mathrm{m^2\,s}}\right]\Big/\left[\frac{\mathrm{kg}}{\mathrm{m^3}}\right]=\left[\frac{\mathrm{m}}{\mathrm{s}}\right] \quad (6.8)$$

速度と同じ単位である．この式のおかげで異相間物質移動の定量化が可能になった．なお，私は40年前，式（6.7）の大切さを理解できていなかった．

TOIChE【20】答え

吸着材（固体）と水（液体）との界面で吸着が起きるとき，油（液体）と水（液体）との界面で抽出が起きるとき，界面で移動する成分 A の物質移動流束 N_A を，液本体（バルク，bulk）での濃度 C_A と界面（インターフェイス，interface）での液側濃度 C_{Ai} の差に比例するとして定式化する．このときの比例定数を物質移動係数 k と呼ぶ．よって，k の単位を求めると m/s となる．

$N_A = k(C_A - C_{Ai})$

さて，これでTOIChE 20問の説明が終わった．問題文を読みながらイメージ（絵）が描けないと，頭の深くに入っていかないだろう．式だけの理解ではすぐに揮発してしまう．だからこそ，思考への導火線として，一見，無駄な話もしてきた．**TOIChEの修得によって，化学会社の工場の現場で，研究所の実験室で，本社の設計室で，装置内で起きる現象への観察力が上がり，評価力が高まり，設計力が強まるに違いない．**「大学化学」から「会社化学」への意識改革ができたなら，それでよいのだ．それはこのTOIChEで短時間（一瞬）に達成できる．

もちろん，このTOIChE 20問だけですべてはわからない．しかし，この20問は「会社化学」のミニマムスタンダードだと確信している．私は「信じる者だけが救われる」と思ってこの歳まで過ごしてきた．「これはよい本だ」「これはよい技術だ」「これはよい材料だ」と少しでも思ったら，しつこくこだわってみることをお勧めしたい．それでは，「会社化学」の実践力をつけるために，三本柱，「移動速度論」「総括反応速度論」そして「異相間物質移動のモデリング」の演習に進もう．

第7章

「会社化学」の演習 その1
移動速度論［拡散方程式］

マヒモの流束の定義式や収支式を使って解く問題．数学をおさらいしたい読者は，先に第10章を読んでから，ここに戻ってきてもよい．ただし，第10章の内容がわからなかったとしても必ずここに戻ってきてほしい．

座標は，直角，円柱，球へと展開する．円柱や球での式変形には少しノウハウがある．まずは，直角座標だけ理解して，会社で円柱や球の解析に遭遇したら，読めばよい．そうはいっても，キュウリ，ニンジン，ダイコンなどは円柱だ．私たちヒトだって円柱形だ．スイカ，オレンジ，リンゴなどは球だ．円柱座標や球座標を愛することは得策である．

冷蔵庫で豆腐を冷やす問題

演習問題　7.1

机の上の皿に載っていた豆腐（厚さ4 cm）を，まだ，お腹もそれほどすいていないので，冷蔵庫で冷やしてから食べることにした．豆腐の温度は20℃，冷蔵庫で10℃にしたい．4℃に設定されている冷蔵庫に入れて，何時間待てばよいのか？ これに答えるための式をつくりなさい．

問題文に問題がある！ 冷蔵庫が4℃に設定されているのに，豆腐全体が一様に10℃にはならないだろう．そこで，真ん中が7℃になる時間を求めることにしよう．

これまでの人生で，冷やす時間を分単位で予測したことがあるだろうか．1～2時間経ったら冷蔵庫から取り出して，冷えていなければ冷蔵庫に戻す．あるいは，まだ冷えていなくても，冷えすぎていても文句を言わずに食するのが普通だろう．しかし，個人ならそれでよいが，「冷やした豆腐（冷や奴）」をメ

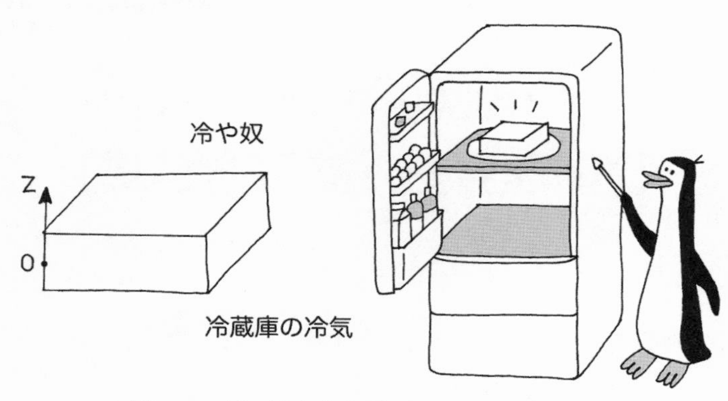

図 7.1　豆腐（直方体代表）が冷える時間を計算

ニューとする飲食店だとそうはいかない．「冷えてないよ～」「冷やしすぎだよ～」とお客さんからクレームが入る．

直角座標内に豆腐を置く．豆腐がキュウリになれば円柱座標，スイカになれば球座標を採用するだろう．厚さ方向の温度の時間経過を知りたい．だから，豆腐の厚さ方向に薄い区間（微小区間）をつくって，そこで，熱の収支式を立てると，微分方程式ができる．それを解くと，豆腐の表面から裏面まで連続して温度を算出できるというわけだ．

微分方程式の作成レシピ

ここに，**微小区間で微分方程式をつくる手順（微分方程式の作成レシピ）**をまとめておく．

(1) 座標を選び，座標軸をとる．
(2) 微小区間，微小時間を設定する．
(3)「入溜消出」＆「お小遣いの５万円どうなった？」で収支式を立てる．
(4)「微分コンシャス」して微分方程式をつくる．

微分方程式の作成後は，境界条件や初期条件を設定する仕事がついてくる．それでは実践しよう．まず，豆腐の厚さ方向に z 軸をとる．このとき，z 軸の原点は，豆腐の厚さの真ん中にする（**図 7.1**）．上下両面から冷えるので温度の

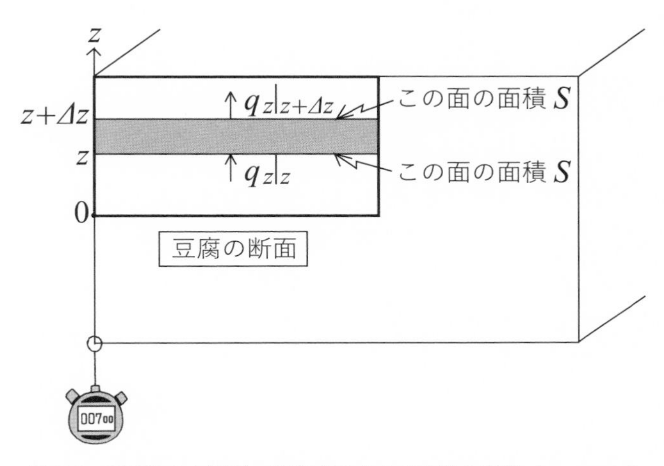

図 7.2　豆腐冷やし解析：熱収支式を立てる微小区間（$z \sim z+\Delta z$）

分布は真ん中から対称だろうから，微分方程式を解いて得られる豆腐の温度の関数も対称になるだろう．そこで，$z \sim z+\Delta z$ の微小区間をつくる（**図 7.2**）.

次に「入溜消出」と「お小遣いの５万円どうなった？」に則って，t と $t+\Delta t$ の微小時間内で収支式を立てよう．「冷気」が表面から内部に移動するのではない！ 内部から表面へ熱が移動して冷える．

$$\underset{\text{入}}{S\Delta t(q_z|_z)} - \underset{\text{溜}}{S\Delta z\rho C_p(T|_{t+\Delta t} - T|_t)} - \underset{\text{消}}{\text{ゼロ}} = \underset{\text{出}}{S\Delta t(q_z|_{z+\Delta z})} \tag{7.1}$$

ここで，S，ρ，そして C_p は，それぞれ豆腐の面積，密度，そして比熱である．$q_z|_z$ と $q_z|_{z+\Delta z}$ は，それぞれ厚さ方向 z と $z+\Delta z$ でのジワジワ熱流束 q_z の値．また，$T|_t$ と $T|_{t+\Delta t}$ は，それぞれ時間 t と $t+\Delta t$ での豆腐の温度．ここで，微小区間内の温度は一様とする．

収支式の各項の単位を点検しよう．

㊅ $S\Delta t(q_z|_z)$　$[\mathrm{m^2}]\,[\mathrm{s}]\left[\dfrac{\mathrm{J}}{\mathrm{m^2\,s}}\right] = [\mathrm{J}]$

溜 $S\Delta z\rho C_p(T|_{t+\Delta t} - T|_t)$　$[\mathrm{m^2}]\,[\mathrm{m}]\left[\dfrac{\mathrm{kg}}{\mathrm{m^3}}\right]\left[\dfrac{\mathrm{J}}{\mathrm{kg^\circ C}}\right][^\circ\mathrm{C}] = [\mathrm{J}]$

第7章

㊈ ゼロ　　ゼロだから自由なので［J］

㊊ $S\Delta t(q_z|_{z+\Delta z})$　　$[\mathrm{m}^2]\,[\mathrm{s}]\left[\dfrac{\mathrm{J}}{\mathrm{m}^2\,\mathrm{s}}\right]=[\mathrm{J}]$

全項ともに単位はJだから，足したり引いたりしてよい．各項の単位を点検するという地道な作業がどんなときも大切である．

さて，**|の下付き添え字をじっとみて微分コンシャスする**．まずは，㊇を右辺に移項して，微分の定義式の分子をつくろう．

$$-S\Delta z\rho C_p(T|_{t+\Delta t}-T|_t)=S\Delta t(q_z|_{z+\Delta z}-q_z|_z) \tag{7.2}$$

Δz と Δt がたすき掛けになっている．両辺とも S があるからとってよい．

$$-\frac{\rho C_p(T|_{t+\Delta t}-T|_t)}{\Delta t}=\frac{q_z|_{z+\Delta z}-q_z|_z}{\Delta z} \tag{7.3}$$

Δt も Δz もゼロに近づけると，微分の定義そのものだ．

$$-\rho C_p\frac{\partial T}{\partial t}=\frac{\partial q_z}{\partial z} \tag{7.4}$$

これはこれで立派な微分方程式だから，よいのだけれど，もう一歩踏み込まないと，豆腐の厚さ（z 軸）方向の温度分布を算出できない．そこで，右辺の q_z にフーリエの法則を適用する．

$$q_z=-k\frac{\partial T}{\partial z} \tag{7.5}$$

$$-\rho C_p\frac{\partial T}{\partial t}=\frac{\partial\left(-k\dfrac{\partial T}{\partial z}\right)}{\partial z}=-k\frac{\partial^2 T}{\partial z^2} \tag{7.6}$$

両辺からマイナスをとる．物性定数を右辺に集めて，

$$\frac{\partial T}{\partial t}=\frac{k}{\rho C_p}\frac{\partial^2 T}{\partial z^2} \tag{7.7}$$

$k/(\rho C_p)$ は，熱拡散係数 α と名付けられている．

$$\frac{\partial T}{\partial t} = \alpha \frac{\partial^2 T}{\partial z^2} \tag{7.8}$$

ここでは，豆腐の物性値 ρ，C_p，そして k は定数としている．だからこれらの物性値はみな，∂ の前に出した．温度によって物性が変わるのなら，平均値を使えば，この式で済む．

塩水でキュウリを漬ける問題

演習問題　7.2

キュウリ（直径 2 cm）を塩水に浸して味付けすることにした．塩は 3 時間でキュウリの表面からどのくらいの距離浸みていくのか？ それに答えるための式をつくりなさい．

またもや，問題文に問題がある！ 塩水中の塩は浸み込んでいく（**図 7.3**）．しかし，その境界はぼやけているだろう．だから浸み込んだ距離を測れない．そこで，表面塩濃度の 50% の濃度まで塩が進んだ距離を求める問題にしよう．

キュウリの場合，豆腐の場合とは異なり，放射方向（r 方向）に薄い区間（微小区間）で，塩の物質収支式を立てる（**図 7.4**）．塩は周囲から中心に向かってジワジワと拡散していく．**中心軸からの放射方向 r 軸の正方向とは反対方向に移動するので，J_A にマイナスの記号をつけて対処する．** 前問での「z で入り，$z+\Delta z$ で出る」熱移動とは違って，本問では「$r+\Delta r$ で入り，r で出る」塩移動であることに注意して収支式を立てよう．**ジワジワ質量流束が $r+\Delta r$ と r で通過する面積は，それぞれ $2\pi(r+\Delta r)L$ と $2\pi rL$ であり，変化することにも留意する．前問ではジワジワ熱流束が通過する面積はいつだって S だった．**

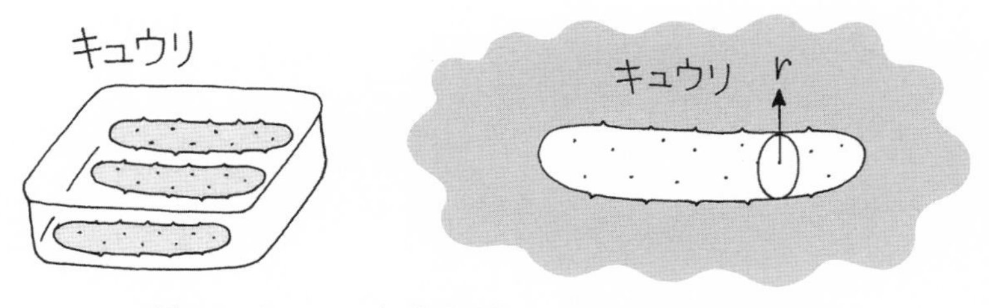

図 7.3　キュウリ（円柱代表）に塩が浸み込む距離を計算

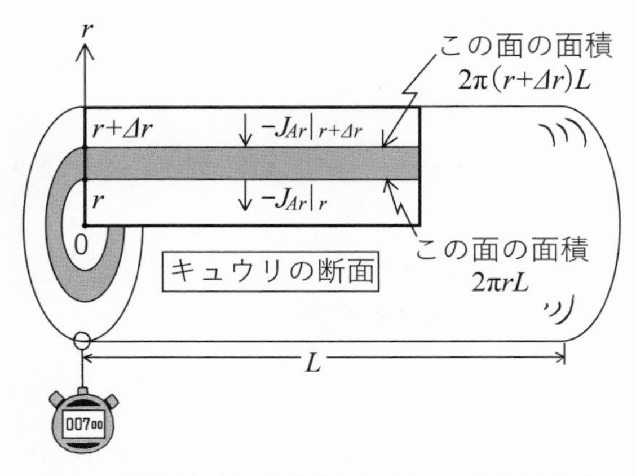

図 7.4　キュウリ塩漬け解析：物質収支式を立てる微小区間（$r \sim r+\Delta r$）

$$\overset{\text{入}}{2\pi(r+\Delta r)L\,\Delta t(-J_{Ar}|_{r+\Delta r})} - \overset{\text{溜}}{2\pi r\,L\,\Delta r(C_A|_{t+\Delta t}-C_A|_t)} - \overset{\text{消}}{\text{ゼロ}}$$

$$\underset{\text{出}}{=2\pi rL\,\Delta t(-J_{Ar}|_r)} \tag{7.9}$$

ここで，L，ρ，そして C_p は，それぞれキュウリの長さ，密度，そして比熱である．$J_{Ar}|_r$ と $J_{Ar}|_{r+\Delta r}$ は，それぞれ放射方向 r と $r+\Delta r$ での塩のジワジワ質量流束 J_{Ar} の値．また，$C_A|_t$ と $C_A|_{t+\Delta t}$ は，それぞれ時間 t と $t+\Delta t$ でのキュウリ内の塩濃度．

収支式の各項の単位を点検しよう．地味ワークである．

入	$2\pi(r+\Delta r)L\,\Delta t(-J_{Ar}\|_{r+\Delta r})$	$[\mathrm{m}][\mathrm{m}][\mathrm{s}]\left[\dfrac{\mathrm{kg}}{\mathrm{m^2\,s}}\right]=[\mathrm{kg}]$
溜	$2\pi rL\,\Delta r(C_A\|_{t+\Delta t}-C_A\|_t)$	$[\mathrm{m}][\mathrm{m}][\mathrm{m}]\left[\dfrac{\mathrm{kg}}{\mathrm{m^3}}\right]=[\mathrm{kg}]$
消	ゼロ	ゼロだから自由なので［kg］
出	$2\pi rL\,\Delta t(-J_{Ar}\|_r)$	$[\mathrm{m}][\mathrm{m}][\mathrm{s}]\left[\dfrac{\mathrm{kg}}{\mathrm{m^2\,s}}\right]=[\mathrm{kg}]$

全項ともに単位は塩の質量［kg］になっているので，足し算も引き算も OK.

さて，**|の下付き添え字をじっとみて微分コンシャスする．**まずは，微分の定義式の分子をつくろう．その前に，$2\pi L$ は共通だから消去しておこう．

$$(r+\Delta r)\Delta t(-J_{Ar}|_{r+\Delta r}) - r\,\Delta r(C_A|_{t+\Delta t} - C_A|_t) = r\,\Delta t(-J_{Ar}|_r) \tag{7.10}$$

$$-r\,\Delta r(C_A|_{t+\Delta t} - C_A|_t) = \Delta t[(rJ_{Ar})|_{r+\Delta r} - (rJ_{Ar})|_r] \tag{7.11}$$

この変形がキーポイントである．**|の前の丸括弧内を r の関数として扱う．丸括弧がないときには|の直前の記号を r の関数として扱う．**

$$[(rJ_{Ar})|_{r+\Delta r} - (rJ_{Ar})|_r] = (r+\Delta r)\ J_{Ar}|_{r+\Delta r} - rJ_{Ar}|_r \tag{7.12}$$

であって，

$$rJ_{Ar}|_{r+\Delta r} - rJ_{Ar}|_r \tag{7.13}$$

とはちょいと違う．**この小さな工夫でその後の式変形がずっと簡単になることに感動してほしい．**

話をもとに戻そう．式（7.11）で Δr と Δt がたすき掛けになっている．

$$-r\frac{C_A|_{t+\Delta t} - C_A|_t}{\Delta t} = \frac{(rJ_{Ar})|_{r+\Delta r} - (rJ_{Ar})|_r}{\Delta r} \tag{7.14}$$

Δr も Δz もゼロに近づける．左辺の r を r の文字が集まっている右辺に移そう．

$$-\frac{\partial C_A}{\partial t} = \frac{1}{r}\frac{\partial(rJ_{Ar})}{\partial r} \tag{7.15}$$

微分方程式をつくれたのだから，これでよいのだけれど，もう一歩踏み込まないと，キュウリの中心軸からの放射方向（r 方向）での塩の濃度分布を算出できない．そこで，右辺の J_{Ar} にフィックの法則を適用する．

$$J_{Ar} = -D_A\frac{\partial C_A}{\partial r} \tag{7.16}$$

$$-\frac{\partial C_A}{\partial t} = \frac{1}{r}\frac{\partial\left(-rD_A\dfrac{\partial C_A}{\partial r}\right)}{\partial r}$$

$$= -D_A\frac{1}{r}\frac{\partial\left(r\dfrac{\partial C_A}{\partial r}\right)}{\partial r}$$

関数 r と関数 $\partial C_A/\partial r$ との積の微分だから，「前を微分，後そのままプラス前そのまま，後を微分」だ！

第7章

$$= -D_A \frac{1}{r}\left(\frac{\partial C_A}{\partial r} + r\frac{\partial^2 C_A}{\partial r^2}\right) \tag{7.17}$$

$$\frac{\partial C_A}{\partial t} = D_A\left(\frac{1}{r}\frac{\partial C_A}{\partial r} + \frac{\partial^2 C_A}{\partial r^2}\right) \tag{7.18}$$

ここでは，キュウリ内での塩の拡散係数 D_A は定数としている．だから，∂ の前に出した．

熱は豆腐の内部から表面へ移動する．塩はキュウリの表面からの内部へ移動する．移動の方向は反対でも，現象は同じなのだから，熱収支式も物質収支式も同じ放物線型偏微分方程式になって不思議ではない．式(7.18)の右辺の(　)中の第1項 $(1/r)\partial C_A/\partial r$ は放物線型偏微分方程式の円柱での尻尾だ．

直角座標での放物線型偏微分方程式は，温度 T や濃度 C_A を■で，熱拡散係数や拡散係数を○で表示すると，

$$\frac{\partial \blacksquare}{\partial t} = \bigcirc\frac{\partial^2 \blacksquare}{\partial z^2} \tag{7.19}$$

の z 軸を円柱座標の式を意識して r 軸に書き換えると，

$$\frac{\partial \blacksquare}{\partial t} = \bigcirc\left(\frac{\mathbf{0}}{r}\frac{\partial \blacksquare}{\partial r} + \frac{\partial^2 \blacksquare}{\partial r^2}\right) \tag{7.20}$$

円柱座標での放物線型偏微分方程式は，

$$\frac{\partial \blacksquare}{\partial t} = \bigcirc\left(\frac{\mathbf{1}}{r}\frac{\partial \blacksquare}{\partial r} + \frac{\partial^2 \blacksquare}{\partial r^2}\right) \tag{7.21}$$

こうなると，球座標での放物線型偏微分方程式を予想できる．

$$\frac{\partial \blacksquare}{\partial t} = \bigcirc\left(\frac{\mathbf{2}}{r}\frac{\partial \blacksquare}{\partial r} + \frac{\partial^2 \blacksquare}{\partial r^2}\right) \tag{7.22}$$

右辺第一項 $(\mathbf{1}/r)\partial\blacksquare/\partial r$ を $(\mathbf{2}/r)\partial\blacksquare/\partial r$ に変えてみた．というわけで，キュウリをスイカに変えて収支式を立てよう．

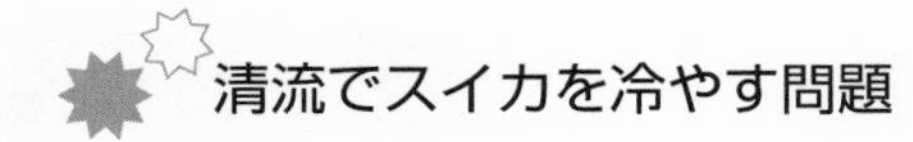

清流でスイカを冷やす問題

演習問題　7.3

夏の合宿所の近くを流れる冷たい小川の水中に，スイカ（直径 30 cm）を浸し

図 7.5　スイカ（球代表）が冷える時間を計算

て冷やすことにした．どのくらいの時間で冷えるのか？ それに答えるための式をつくりなさい．

大雑把な問題文で困ったもんだ！ スイカ冷やしを解析してみよう（**図 7.5**）．スイカの場合，丸いスイカの中心から放射方向（r 方向）に薄い区間（微小区間）で，熱収支式を立てる（**図 7.6**）．小川の水（外部水）の温度がスイカの内部の温度より低いから，熱はスイカの中心から表面に向かってジワジワと拡散していく．r 軸の正方向と同一方向に移動する．**ジワジワ熱流束が r と $r+\Delta r$ で通過する面積は，それぞれ $4\pi r^2$ と $4\pi(r+\Delta r)^2$ であり，変化することに留意する．**

$$\text{Ⓐ入}\quad\text{溜}\quad\text{消}\quad\text{出}$$

$$4\pi r^2\,\Delta t\,q_r|_r - 4\pi r^2\,\Delta r\,\rho C_p(T|_{t+\Delta t} - T|_t) - \text{ゼロ} = 4\pi(r+\Delta r)^2\,\Delta t\,q_r|_{r+\Delta r} \tag{7.23}$$

ここで，ρ と C_p は，それぞれスイカの密度と比熱である．$q_r|_r$ と $q_r|_{r+\Delta r}$ は，それぞれ放射方向の r と $r+\Delta r$ でのジワジワ熱流束 q_r．また，$T|_t$ と $T|_{t+\Delta t}$ は，それぞれ時間 t と $t+\Delta t$ でのスイカ内の微小区間での温度である．

いつものように，収支式の各項の単位を点検しよう．

㊇入　$4\pi r^2\,\Delta t\,q_r|_r$　　$[\mathrm{m^2}]\,[\mathrm{s}]\left[\dfrac{\mathrm{J}}{\mathrm{m^2\,s}}\right] = [\mathrm{J}]$

第7章

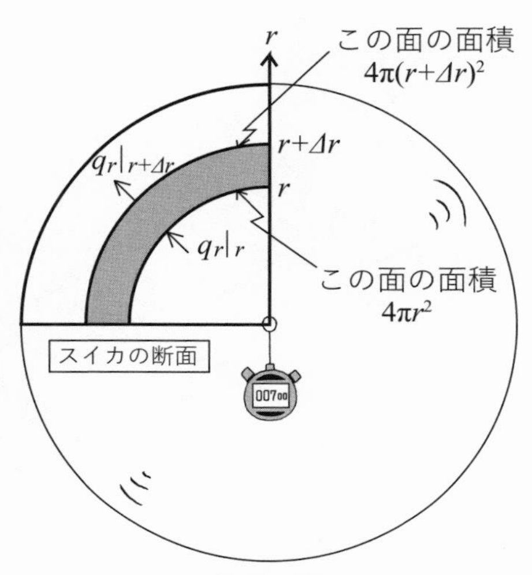

図 7.6　スイカ冷やし解析：熱収支式を立てる微小区間（$r\sim r+\Delta r$）

㊍ $4\pi r^2\,\Delta r\;\rho C_p(T|_{t+\Delta t}-T|_t)$　　$[\mathrm{m^2}][\mathrm{m}]\left[\dfrac{\mathrm{kg}}{\mathrm{m^3}}\right]\left[\dfrac{\mathrm{J}}{\mathrm{kg^\circ C}}\right][^\circ\mathrm{C}]=[\mathrm{J}]$

㊏ ゼロ　　ゼロだから自由なので［J］

㊤ $4\pi(r+\Delta r)^2\,\Delta t\;q_r|_{r+\Delta r}$　　$[\mathrm{m^2}]\,[\mathrm{s}]\left[\dfrac{\mathrm{J}}{\mathrm{m^2\,s}}\right]=[\mathrm{J}]$

全項ともに単位は熱量［J］になっているので，足したり引いたりしてOK.

さて，**｜の下付き添え字をじっとみて微分コンシャスする.** まずは，微分の定義式の分子をつくろう．その前に，4πは共通だから消去.

$$r^2\,\Delta t\;q_r|_r-r^2\,\Delta r\;\rho C_p(T|_{t+\Delta t}-T|_t)=(r+\Delta r)^2\,\Delta t\;q_r|_{r+\Delta r} \tag{7.24}$$

$$-r^2\,\Delta r\;\rho C_p(T|_{t+\Delta t}-T|_t)=(r+\Delta r)^2\,\Delta t\;q_r|_{r+\Delta r}-r^2\,\Delta t\;q_r|_r \tag{7.25}$$

$$-r^2\,\Delta r\;\rho C_p(T|_{t+\Delta t}-T|_t)=\Delta t[(r^2q_r)|_{r+\Delta r}-(r^2q_r)|_r] \tag{7.26}$$

この変形がキーポイント．**｜の前の丸括弧内を r の関数として扱う.**

$$[(r^2q_r)|_{r+\Delta r}-(r^2q_r)|_r]=(r+\Delta r)^2\,q_r|_{r+\Delta r}-r^2q_r|_r \tag{7.27}$$

であって，

$$r^2 q_r|_{r+\Delta r} - r^2 q_r|_r \tag{7.28}$$

とは確実に違う．

話をもとに戻そう．式（7.26）で Δr と Δt がたすき掛けになっている．

$$-r^2\ \rho C_p \frac{T|_{t+\Delta t} - T|_t}{\Delta t} = \frac{(r^2 q_r)|_{r+\Delta r} - (r^2 q_r)|_r}{\Delta r} \tag{7.29}$$

左辺の r^2 を r の文字が集まっている右辺に移してから，Δt も Δr もゼロに近づけると，

$$-\rho C_p \frac{\partial T}{\partial t} = \frac{1}{r^2} \frac{\partial (r^2 q_r)}{\partial r} \tag{7.30}$$

微分方程式をつくれたのでよしよしだ．けれども，もう一歩踏み込まないと，スイカの放射（$\boldsymbol{r}$ 軸）方向の温度の分布を算出できない．そこで，右辺の $\boldsymbol{q_r}$ にフーリエの法則を適用する．

$$q_r = -k \frac{\partial T}{\partial r} \tag{7.31}$$

$$-\rho C_p \frac{\partial T}{\partial t} = \frac{1}{r^2} \frac{\partial \left(-r^2 k \dfrac{\partial T}{\partial r} \right)}{\partial r}$$

$$= -k \frac{1}{r^2} \frac{\partial \left(r^2 \dfrac{\partial T}{\partial r} \right)}{\partial r}$$

ここも関数 r^2 と関数 $\partial T/\partial r$ の積の微分だから，

$$= -k \frac{1}{r^2} \left(2r \frac{\partial T}{\partial r} + r^2 \frac{\partial^2 T}{\partial r^2} \right) \tag{7.32}$$

$$\frac{\partial T}{\partial t} = \frac{k}{\rho C_p} \left(\frac{2}{r} \frac{\partial T}{\partial r} + \frac{\partial^2 T}{\partial r^2} \right)$$

$$= \alpha \left(\frac{2}{r} \frac{\partial T}{\partial r} + \frac{\partial^2 T}{\partial r^2} \right) \tag{7.33}$$

予想どおりの式（7.22）に辿り着いた．

$$\frac{\partial \blacksquare}{\partial t} = \bigcirc \left(\frac{\mathbf{2}}{r} \frac{\partial \blacksquare}{\partial r} + \frac{\partial^2 \blacksquare}{\partial r^2} \right) \tag{7.34}$$

直方体（豆腐）に対して，円柱（キュウリ）は少し丸まり，球（スイカ）は

完全に丸まっている．**式 (7.20)～(7.22) にあるように，丸まりの度合いが，0，1，2 と増えていくと考えよう．そうなれば円柱座標も球座標も恐れるに足らずと思えるだろう．** $(1/r)\partial(rJ_{Ar})/\partial r$ や $(1/r^2)\partial(r^2q_r)/\partial r$ といった見た目がいかついだけだ．

ここでもマとヒのアナロジーが登場した．文も式も記述がそっくりで筆者としてはコピペすれば済むことも多くて助かった．「温かい豆腐に突然，冷蔵庫の冷気がジワジワ」，「味のないキュウリに突然，塩がジワジワ」，「温いスイカに突然，小川の冷水のひんやりがジワジワ」．いずれも非定常のヒまたはマの拡散現象である．この型の偏微分方程式の別名は「拡散方程式」である．

「豆腐冷やし」の問題に残る仕事は「○○な▲▲に突然，■■」現象に対する初期条件と境界条件の設定である．偏微分方程式（7.8）の左辺が時間 t について1階，右辺が厚さ方向 z について2階であるから，初期条件1つ，境界条件2つが必須である．

初期条件	初めは（$t = 0$）で，どこでも	$T = T_0$	(7.35)
境界条件1	豆腐の上面（$z = L$）で，いつでも	$T = T_1$	(7.36)
境界条件2	豆腐の下面（$t = -L$）で，いつでも	$T = T_1$	(7.37)

豆腐を冷やす時間は個人としてはどうでもよいことかもしれない．しかし，豆腐を土に，塩を有害な物質，例えば，廃油や重金属廃液に置き換えたら，重大な問題に変身する．時間が経ったときにどこまで浸みているかわかれば，土を掘り返して処理できる．あるいは深いところを流れる地下水に有害な物質が混入しているかどうかを判定できる．

現実を振り返ると，気にかかることがいろいろとある．例えば，

(1) 豆腐の側面を横切るジワジワ熱流束があるだろうに….

(2) 物性値（密度 ρ や比熱 C_p）が温度で変わるだろうに….

(3) 境界条件が時間で変わるだろうに….

これらを承知の上で，複雑さに切り込んでいくのが「会社化学」である．結果がどっちに振れるかを理解できていればそれでよいとしよう．

キュウリの塩水漬けの場面では，

初期条件	初めは（$t = 0$）で，どこでも	$C_A = 0$	(7.38)
境界条件1	キュウリの外面（$r = R$）で，いつでも	$C_A = C_{AS}$	(7.39)

さあ困った．もう一つ境界条件が必要だ．濃度分布は軸対称になるはずだから，

境界条件 2　キュウリの芯（$r = 0$）で，いつでも　$\dfrac{\partial C_A}{\partial r} = 0$　(7.40)

この境界条件 2 は，キュウリの中心軸でのジワジワ質量流束がゼロであることにも等しい．r 方向から中心軸に向かってくる流束が打ち消し合うのだ．

$$\text{中心軸}\ (r = 0)\ \text{でのジワジワ質量流束}\ J_A|_r = -D_A \frac{\partial C_A}{\partial r}\Big|_r = \text{ゼロ} \tag{7.41}$$

次に，スイカ（真球）冷やしの場面では，温度分布は点対称になるはずだから，

初期条件　初めは（$t = 0$）で，どこでも　$T = T_0$　(7.42)

境界条件 1　スイカの外面（$r = R$）で，いつでも　$T = T_1$　(7.43)

境界条件 2　スイカの中心（$r = 0$）で，いつでも　$\dfrac{\partial T}{\partial r} = 0$　(7.44)

ここで，境界条件 2 は，スイカの中心でのジワジワ熱流束がゼロであることにも等しい．r 方向から中心に向かってくる流束が打ち消し合っている．

$$\text{中心}\ (r = 0)\ \text{でのジワジワ熱流束}\quad q_r|_r = -k \frac{\partial T}{\partial r}\Big|_r = \text{ゼロ} \tag{7.45}$$

解く前に，線図を探してみる

演習問題　7.4

34°C の豆腐（厚さ 4 cm）を 4°C に設定された冷蔵庫に入れて冷やすことにした．豆腐の中心が 7°C になるまでに，何時間待てばよいのか？ 図 7.7 を読んで答えなさい．

微分方程式をつくることができた．今度は解く段階に来た．しかし，張り切って解こうとしなくてよい．こうした典型的な問題はすでに解かれていて，線図（図 7.7）が提供されている． しかも，直角座標，円柱座標，そして球座標と別々に用意されている．放物線型偏微分方程式を解くと，濃度や温度が，時間 t と空間（z 軸や r 軸）で決定されるはずだ．これが 1 枚の線図に盛り込まれている．

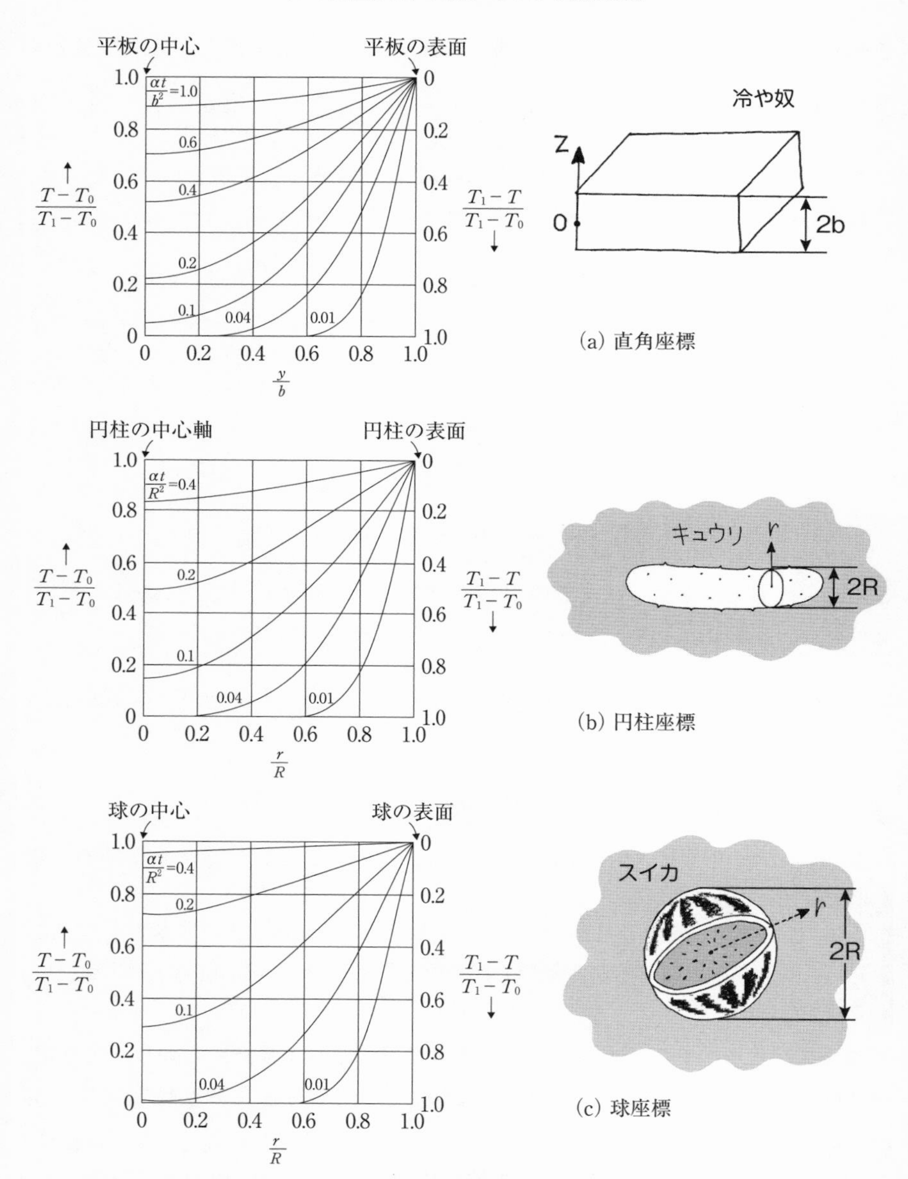

図 7.7　冷える時間や浸み込む距離の計算用の線図 by Carslaw & Jaeger (1959)

こうした線図の三要素として，縦軸，横軸，そしてパラメータを確認していこう．パラメータとは，縦軸と横軸を除いた変数と場の物性値を含む変数のことである．

(1)　縦軸

伝熱の本からの引用なので，温度 T の表示だけれども，濃度 C_A と読み替えてよい．図の縦軸には左と右があって，左は下から 0 → 1，右は上から 0 → 1 である．

縦軸の左：　$\dfrac{T - T_0}{T_1 - T_0}$

縦軸の右：　$1 - (\text{左軸}) = 1 - \dfrac{T - T_0}{T_1 - T_0} = \dfrac{T_1 - T}{T_1 - T_0}$

こうした無次元の温度にしておくと，温度範囲を自由に設定できる．

(2)　横軸

直方体なら厚さ方向 z，円柱なら中心軸からの放射方向の距離 r，さらに，球なら中心からの放射方向の距離 r である．ただし，それぞれ厚さの半分 b，円柱の半径 R，球の半径 R で割っているから，無次元距離である．無次元にしてある理由は，どんなサイズの物体にも対応できるからである．

(3)　パラメータ

これも無次元のパラメータになっている．

伝熱：　$\dfrac{\alpha t}{b^2}$（直方体）　または　$\dfrac{\alpha t}{R^2}$（円柱または球）

物質移動なら，Dt/b^2（直方体）または Dt/R^2（円柱または球）に読み替えてよい．無次元にしてあるから，どんなサイズにも対応できるようになっている．

この線図で，温度の時間経過は図中のパラメータ $\alpha t/b^2$ や $\alpha t/R^2$ で示されている．例えば，球座標の線図では，縦軸の無次元の温度はパラメータに含まれる時間 t の経過とともに，どの無次元の距離 r/R でも無次元の温度は上昇し，1 に近づこうとしている．

まずは，豆腐冷やしの問題では，T_0 = 34℃，T_1 = 4℃，b = 2 cm である．豆腐の中心（z = ゼロ）の温度 T が 7℃ となる時間を求めよう．直角座標の線図の縦軸の左を計算すると，

第7章

$$縦軸の左：\quad \frac{T-T_0}{T_1-T_0}=\frac{7-34}{4-34}=\frac{-27}{-30}=0.9 \tag{7.46}$$

横軸（z/b）のゼロ，縦軸 0.9 で，うまい具合に曲線がぶつかっている．この曲線のパラメータ $\alpha t/b^2$ を読み取ると 1.0 である．豆腐の物性の一つとして熱拡散係数（α）が必要である．大胆に水の熱拡散係数の値（$\alpha=1.5\times10^{-7}\,\mathrm{m^2/s}$）を使うことにしよう．

$$\frac{\alpha t}{b^2}=1.0 \tag{7.47}$$

$$t=1.0\,\frac{b^2}{\alpha}=1.0\,\frac{(2\times10^{-2})^2}{1.5\times10^{-7}}=2700\,秒=45\,分 \tag{7.48}$$

線図の「縦」軸から「横」軸を読み取る

演習問題　7.5

塩味のないキュウリ（直径 2 cm）を 1%塩含有たれに浸して味付けすることにした．3 時間でキュウリの表面から 0.5%塩はどのくらいの距離浸みていくのか？図 7.7 を読んで答えなさい．

キュウリの塩漬けは，伝熱ではなく物質移動の問題である．塩がキュウリの芯（中心軸）に向かってジワジワ移動する．$C_{A0}=0\%$，$C_{A1}=1\%$，$R=1\,\mathrm{cm}$ である．$t=3$ 時間で塩の浸み込んだ距離 r を求める．前問とは異なって，時間が与えられて塩の浸み込む距離を求める問題である．ここで，塩の拡散係数 D_A を $1\times10^{-9}\,\mathrm{m^2/s}$ とする．

$$\frac{D_A t}{R^2}=\frac{(1\times10^{-9})(3\times3600)}{(1.0\times10^{-2})^2}=0.11 \tag{7.49}$$

このパラメータの値に近い曲線として，円柱座標の線図内のパラメータ 0.1 の曲線を使おう．

$$縦軸の左：\quad \frac{T-T_0}{T_1-T_0}\ \Rightarrow\ \frac{C_A-C_{A0}}{C_{A1}-C_{A0}} \tag{7.50}$$

この問題では，$C_A=0.5\%$，$C_{A0}=0\%$，$C_{A1}=1\%$ だから，

$$\frac{C_A-C_{A0}}{C_{A1}-C_{A0}}=\frac{0.5-0}{1-0}=0.5 \tag{7.51}$$

その縦軸の左の値 0.5 を与える横軸 r/R を読み取ると 0.6 である．というわけで，3 時間で半分の濃度（0.5% 塩）がキュウリの中心軸から 60%（6 mm），言い換えると表面から 40%（4 mm）の距離まで浸みる．

線図の「横」軸から「縦」軸を読み取る

演習問題　7.6

34°C のスイカ（直径 40 cm）を 4°C の流水中に置いて冷やすことにした．スイカの中心が 7°C になるまでに何時間待てばよいのか？ 図 7.7 を読んで答えなさい．

スイカ冷やしの問題である．$T_0 = 34$°C，$T_1 = 4$°C，$R = 20$ cm である．スイカの中心（r = ゼロ）の温度 T が 7°C となる時間を求める．

$$\text{縦軸の左：}\quad \frac{T - T_0}{T_1 - T_0} = \frac{7-34}{4-34} = \frac{-27}{-30} = 0.9 \tag{7.52}$$

横軸（r/R）のゼロで，縦軸 0.9 で，残念ながら曲線がぶつかっていない．パラメータが 0.2 と 0.4 の中間あたりの曲線でぶつかりそうだ．そこで，パラメータ $\alpha t/R^2$ の値は 0.3 と読み取れる．スイカの物性の一つとして熱拡散係数（α）が必要．ここは大胆にも水の熱拡散係数値（$\alpha = 1.5\times10^{-7}$ m^2/s）を使うことにしよう．

$$\frac{\alpha t}{R^2} = 0.3 \tag{7.53}$$

$$t = 0.3\frac{R^2}{\alpha} = 0.3\frac{(20\times10^{-2})^2}{1.5\times10^{-7}} = 80000\text{ 秒} = 22\text{ 時間} \tag{7.54}$$

ここでの演習では冷やす対象は豆腐やスイカだった．同様に木材や金属材でも，ジワジワ冷やしたり，逆に，ジワジワ温めたりする場合，この線図を利用できる．キュウリに塩がジワジワ浸みる例のように，繊維に染料をジワジワと浸み込ませたり，逆に，繊維から余分の染料を洗い出したりするときにも，この線図を適用できる．

この章を読む前は，ジワジワの定量化など，夢のまた夢であったはず．しかし，いまでは，

「2時間待てば，豆腐は冷えるぞ！」

「そのキュウリ，3時間で半分まで塩が浸みるぞ！」

「半日経ったら，スイカを川から引き揚げて食べよう！」

と予測できるようになったのだ．私はこうした計算を初めてしたとき，「これはすごい」と大いに興奮した．

「会社化学」の演習 その2

総括反応速度論 [固定化触媒の有効係数]

前章「移動速度論」の演習では，収支式は㊅㊇㊂で㊈はなかった．言い換えると，解析対象の場で反応は起きていなかった．ここでは，反応工学を活かし，㊇をゼロにして（言い換えると定常にして），㊈を入れて㊅㊈㊂の収支式を立てて解こう．㊇をゼロにしないと収支式は簡単には解けないからそうする．

移動現象が対称な場なら原点を真ん中に

演習問題　8.1

超純水中にppbレベルで溶存している尿素を除去するために，ウレアーゼ（**図8.1**）を使って，いったんアンモニアと二酸化炭素に分解する．アンモニアと二酸化炭素は水と反応して，それぞれNH_4^+とHCO_3^-というイオンになる．そうなれば，それらのイオンはイオン交換樹脂で吸着除去できる．

ウレアーゼは高いし，不安定なので，液中に溶かすのではなく，担体にウレアーゼを固定して利用する．担体には多孔性シート（**図8.2**）を使う．ウレアーゼを欠落しない工夫をして一様に固定した．

超純水にこの多孔性シートを浸したときの多孔性シート内の尿素濃度分布を定量化しよう．

酵素の反応速度はミカエリス・メンテン（Michaelis-Menten）式で整理することが多い．Michaelis（ドイツ）もMenten（カナダ）も酵素反応速度論の研究者である．

$$\text{水溶液中での酵素反応速度}\ \left[\frac{\text{kg}}{\text{m}^3\ \text{s}}\right] = \frac{V_{\max} C_A}{K_m + C_A} \tag{8.1}$$

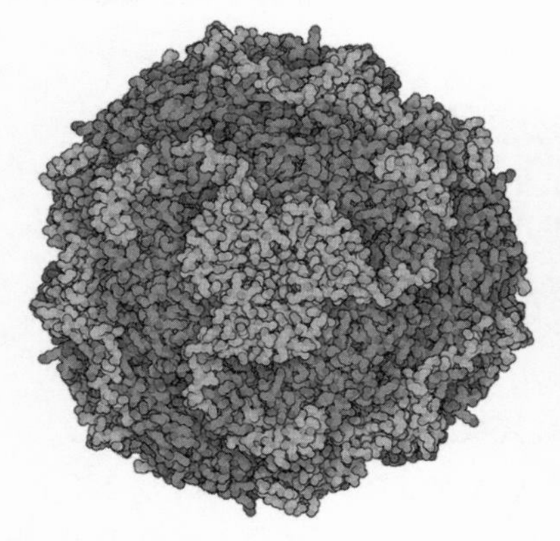

図 8.1　ウレアーゼの構造（PDBエントリー 1e9y 由来の構造）
2種類のサブユニットが12個ずつ集まり複合体を形成する．したがって，活性部位が全部で12個あり，各活性部位に2つずつニッケルイオンがある．

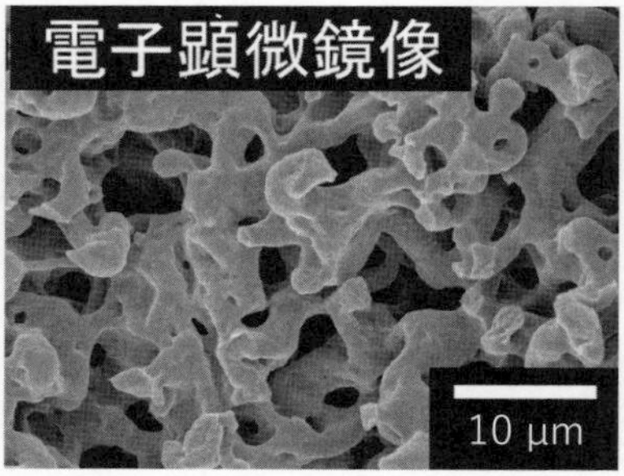

電子顕微鏡像
10 μm

図 8.2　多孔性シートの内部構造

ここで，C_A は基質（原料）の濃度．$V_{\max}$ と K_m は，それぞれ最大反応速度［kg/(m^3 s)］とミカエリス定数［kg/m^3］である．この問題のように，酵素ウレアーゼの基質である尿素の濃度がごく薄いときには，$K_m \gg C_A$ だから，この式は次の一次式で近似できる．

基質濃度が極低濃度のときの水溶液中での酵素反応速度　［kg/(m^3 s)］

$$= \frac{V_{\max}\, C_A}{K_m} \tag{8.2}$$

固定されたウレアーゼに超純水中の尿素が近づいて，ウレアーゼの活性点に入り，そこで尿素の加水分解が起きる．そのとき，反応速度は，次の一次反応式で表されるとする．

酵素固定面の単位面積あたりの尿素の加水分解速度　［kg/(m^2 s)］

$$= k_1 C_A \tag{8.3}$$

ここで，k_1 は反応速度定数［m/s］，そして C_A は尿素の濃度［kg/m^3］である．

ウレアーゼ固定多孔性シートを，尿素をごくわずかに含む超純水（外部液）に浸すと，尿素は多孔性シートの両面からジワジワと内部へ拡散して，多孔性シートの外部と内部の孔表面に固定されたウレアーゼに到達し加水分解される．

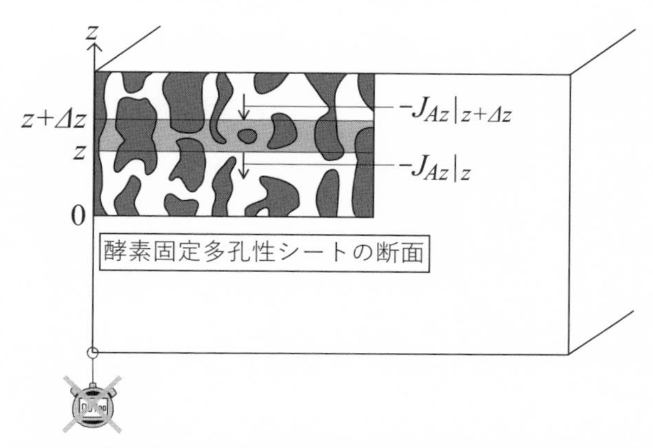

図 8.3　多孔性シート内の反応解析：物質収支式を立てる微小区間（$z \sim z+\Delta z$）

$$(NH_2)_2CO + H_2O = 2\,NH_3 + CO_2 \tag{8.4}$$

すると，多孔性シートでの尿素の濃度が下がるので，多孔性シートの内部孔の厚さ方向に尿素の濃度勾配が生じて，尿素は外部液からジワジワと孔内部へ拡散移動する．外部液はたっぷりあって，ウレアーゼはせっせと加水分解を繰り返す．そのうちに定常状態に達するとする．

多孔性シートの厚さ方向での尿素の濃度分布を求めるために，シート厚さ方向の微小区間（**図 8.3**）で収支式を立てる．「入溜消出」と「お小遣いの５万円どうなった？」に則って，さらに,「微分方程式レシピ」に従おう．

平たい多孔性シートだから直角座標で厚さ方向に z 軸をとる．原点は多孔性シートの真ん中にしよう．多孔性シートの両面から尿素が入ってくる．**反応も拡散も多孔性シートの真ん中を中心にして対称に起きる．その結果として，尿素の濃度分布は対称になる．尿素濃度を表す関数も対称になる．だったら，多孔性シートの真ん中を z 軸の原点にとるのがよい．**

　　　　㊉入　　　　　溜　　　　消　　　　　　出

$$S\Delta t(-J_A|z+\Delta z) - ゼロ - S\Delta z a_v \Delta t\, k_1 C_A = S\Delta t(-J_A|z) \tag{8.5}$$

各項が揃ったところで，ルーチンの単位点検．

入　$S\Delta t\ (-J_A|z+\Delta z)$　$[\mathrm{m^2}]\ [\mathrm{s}] \left[\dfrac{\mathrm{kg}}{\mathrm{m^2\,s}}\right] = [\mathrm{kg}]$

第8章

㊗ ゼロ　　[kg]

㊇ $S\Delta z a_v \Delta t\, k_1 C_A$　　$[\mathrm{m^2}]\,[\mathrm{m}]\left[\dfrac{\mathrm{m^2}}{\mathrm{m^3}}\right][\mathrm{s}]\left[\dfrac{\mathrm{m}}{\mathrm{s}}\right]\left[\dfrac{\mathrm{kg}}{\mathrm{m^3}}\right] = [\mathrm{kg}]$

㊉ $S\Delta t(-J_A|z)$　　$[\mathrm{m^2}]\,[\mathrm{s}]\left[\dfrac{\mathrm{kg}}{\mathrm{m^2\,s}}\right] = [\mathrm{kg}]$

まず，S と Δt は㊅㊇㊉すべてにあるから消去できる．次に，微分コンシャスして，式を整理すると，

$$-\Delta z a_v\, k_1 C_A = J_A|_{z+\Delta z} - J_A|_z \tag{8.6}$$

$$-a_v\, k_1 C_A = \frac{J_A|_{z+\Delta z} - J_A|_z}{\Delta z} \tag{8.7}$$

Δz を無限小にすると，

$$-a_v\, k_1 C_A = \frac{\partial J_A}{\partial z} \tag{8.8}$$

これで立派な微分方程式が出来上がった．しかし，右辺がこのままでは，いつまで経っても濃度分布の決定に辿り着かないので，フィックの法則のお世話になる．ところが，ここで難題にぶつかる．初めの収支式での S は多孔性シート全体の面積だから，孔だけでなく高分子の部分も含んでいる．さらに，スポンジのように孔が開いている．

そこで，便法を繰り出す．フィックの法則の変則版である．TOIChE【16】で習った．

$$J_A = -D_{Ae}\frac{\partial C_A}{\partial z} \tag{8.9}$$

ここで，空孔度 ε と屈曲度 τ を使って，通常の拡散係数 D_A から有効拡散係数 D_{Ae} を次のように算出する．

$$D_{Ae} = \frac{\varepsilon}{\tau} D_A \tag{8.10}$$

全体の面積のうち尿素が通れる孔の面積の度合いを空孔度，孔がクネクネしているために移動距離が余計にかかる度合いを屈曲度として，D_A を補正しているわけだ．

$$-a_v k_1 C_A = \frac{\partial\left(-D_{Ae}\dfrac{\partial C_A}{\partial z}\right)}{\partial z} \tag{8.11}$$

多孔性シートの孔構造が表から裏まで一様であるとすれば，D_{Ae} は定数だから ∂ の前に出してよい．

$$-a_v k_1 C_A = -D_{Ae}\frac{\partial\left(\dfrac{\partial C_A}{\partial z}\right)}{\partial z} = -D_{Ae}\frac{\partial^2 C_A}{\partial z^2} \tag{8.12}$$

左辺に微分形をもっていき，微分方程式らしくすると，

$$\frac{\partial^2 C_A}{\partial z^2} = \frac{a_v k_1}{D_{Ae}} C_A \tag{8.13}$$

右辺の括弧の中は定数なので，まとめて定数 K とおこう．

$$K = \frac{a_v k_1}{D_{Ae}} \tag{8.14}$$

$$\frac{\partial^2 C_A}{\partial z^2} = K C_A \tag{8.15}$$

記号は偏微分 ∂ になっていても，空間座標一方向だけの採用だから，z について 2 階の常微分方程式である．関数 C_A を 2 回微分しても，その関数に K が掛かってくるだけの関数 C_A は，ズバリ，次のとおり．

$$C_A = Ae^{\sqrt{K}z} + Be^{-\sqrt{K}z} \tag{8.16}$$

微分方程式（8.15）に代入して調べてみよう．

$$\frac{\partial C_A}{\partial z} = A\sqrt{K}e^{\sqrt{K}z} + B(-\sqrt{K})e^{-\sqrt{K}z} \tag{8.17}$$

$$\begin{aligned} \text{左辺} &= \frac{\partial}{\partial z}\left(\frac{\partial C_A}{\partial z}\right) \\ &= A(\sqrt{K})^2 e^{\sqrt{K}z} + B(-\sqrt{K})^2 e^{-\sqrt{K}z} \\ &= K(Ae^{\sqrt{K}z} + Be^{-\sqrt{K}z}) \\ &= KC_A \\ &= \text{右辺} \end{aligned} \tag{8.18}$$

こうして微分方程式を満足しているから解である．残る作業は定数 A と B を

決めること．そのためには境界条件が2つ必要である．ここは定常状態を仮定していて時間で濃度 C_A は変わらないから初期条件に出番はない．

多孔性シートの両面で尿素をわずかに含む大量の超純水に接触しているから，反応はしても両面での尿素濃度 C_{AS} は一定としよう．そうしないと，簡単には解けなくなるからだ．

境界条件1：多孔性シートの片面（$z=L$）で，　$C_A = C_{AS}$　(8.19)

境界条件2：多孔性シートのもう一方の片面（$z=-L$）で，$C_A = C_{AS}$　(8.20)

代入して，

$$C_{AS} = Ae^{\sqrt{K}L} + Be^{-\sqrt{K}L} \tag{8.21}$$

$$C_{AS} = Ae^{-\sqrt{K}L} + Be^{\sqrt{K}L} \tag{8.22}$$

定数 A と B を未知数とする連立方程式で上下そっくりだ．引き算すると答えがみえてきそうだ．

$$\begin{aligned} \text{ゼロ} &= A(e^{\sqrt{K}L} - e^{-\sqrt{K}L}) + B(e^{-\sqrt{K}L} - Be^{\sqrt{K}L}) \\ &= A(e^{\sqrt{K}L} - e^{-\sqrt{K}L}) - B(e^{\sqrt{K}L} - e^{-\sqrt{K}L}) \\ &= (e^{\sqrt{K}L} - e^{-\sqrt{K}L})\ (A - B) \end{aligned} \tag{8.23}$$

$(e^{\sqrt{K}L} - e^{-\sqrt{K}L})$ はゼロにならないから，ゼロ$=A-B$ から $A=B$ である．

$$\begin{aligned} C_{AS} &= A\ e^{\sqrt{K}L} + A\ e^{-\sqrt{K}L} \\ &= A(e^{\sqrt{K}L} + e^{-\sqrt{K}L}) \end{aligned} \tag{8.24}$$

$$A = B = \frac{C_{AS}}{e^{\sqrt{K}L} + e^{-\sqrt{K}L}} \tag{8.25}$$

これを式（8.16）に戻して，

$$C_A = C_{AS}\frac{e^{\sqrt{K}z} + e^{-\sqrt{K}z}}{e^{\sqrt{K}L} + e^{-\sqrt{K}L}} \tag{8.26}$$

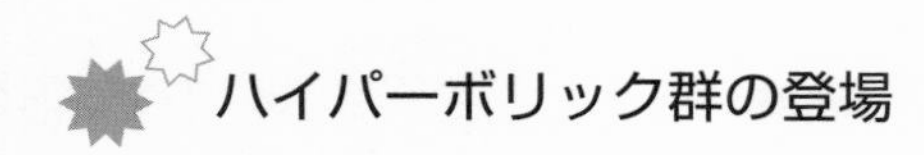

ハイパーボリック群の登場

分子も分母もリズミカルだ．指数関数について調べてみると，

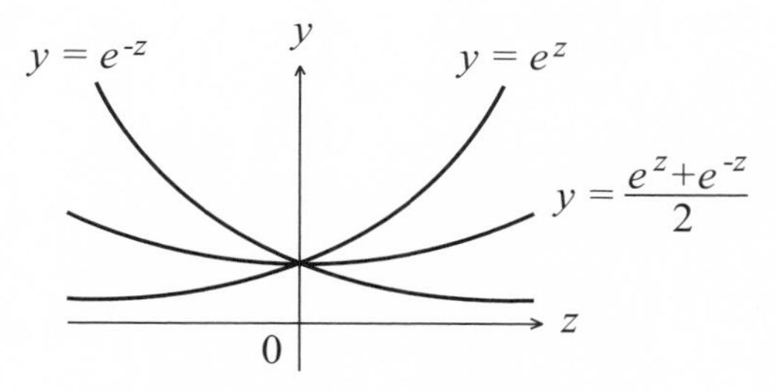

図 8.4 ハイパーボリックコサイン

$$\frac{e^{z}+e^{-z}}{2} = \cosh z \tag{8.27}$$

という関数が定義されていた．ハイパーボリックコサインと読む．$\cosh z$ の関数の形を描いてみよう．

$y=e^{z}$ のグラフと $y=e^{-z}$ のグラフとを足し算して 2 で割った値を結んだ曲線が $\cosh z$ である．$z=$ゼロでの値は 1 である．また，$\cosh z$ を微分すると，

$$(\cosh z)' = \frac{e^{z}-e^{-z}}{2} \tag{8.28}$$

なので，$z=$ゼロでの微分値はゼロ．よって，接線は横軸（z 軸）に水平である．しかも，y 軸を挟んで左右対称である．

この $\cosh z$ の形は，e^{z} や e^{-z} に比べると，$z=$ゼロまで（マイナス）の減り方，$z=$ゼロから（プラス）の増え方が緩やかである（図 8.4）．ズボンやスラックスのベルトの両端を両手で開いて持って，適度に垂らすとこの曲線の形が出来上がる． ハイパーボリックコサインと難しい名がついているけれども，ズボンにベルトを通す前にベルトを両手で持って目の前で垂らしてみると，親しみがわく．私はたまに鑑賞している．

sinh 関数も tanh 関数もある．残念ながら，ハイパーボリックサインやハイパーボリックタンジェントは，身近に体験できる関数ではない．

$$\sinh z = \frac{e^{z}-e^{-z}}{2} \tag{8.29}$$

$$\tanh z = \frac{\sinh z}{\cosh z} = \frac{e^{z}-e^{-z}}{e^{z}+e^{-z}} \tag{8.30}$$

関数 cosh を使うと解の見た目が超キレイだ.

$$\frac{C_A}{C_{AS}} = \frac{\cosh\sqrt{K}\,z}{\cosh\sqrt{K}\,L} \tag{8.31}$$

ポンプを使って，多孔性シートの片面からもう一方の片面へ尿素をわずかに含む超純水を流通させながら，固定されたウレアーゼで尿素を分解する方法もあるが，まずは，浸しただけのときの多孔性シートの尿素加水分解性能を考えよう.

宝の持ち腐れを見抜こう

演習問題　8.2

このウレアーゼ固定多孔性シートで，尿素の加水分解に有効に利用されているウレアーゼの割合を計算するための式をつくりなさい.

尿素を含む超純水にウレアーゼが混ざっていたら，加水分解を瞬時に起こすだろう．その時点で超純水でないのだが…．ここでは，多孔性シートの厚さ方向にウレアーゼを一様に固定した．多孔性シートの孔内部に流れはないから，多孔性シートの両面から尿素はジワジワと拡散移動して，ウレアーゼに達して分解される．すると，尿素の濃度が減り，孔内部で尿素の濃度勾配ができるので，引き続いて尿素が多孔性シートの内部孔に侵入してくるわけだ.

尿素に対するウレアーゼ固定多孔性シートの効率の高低を考えよう．**多孔性シートの厚さ方向に中心まで尿素濃度が C_{AS} なら最も効率が高い．** 反応速度がどこでも最高値の K_1C_{AS} で起きているからだ．現実には，孔内部で尿素濃度が中心に向かい下がっていることもあるだろう．尿素濃度のシート厚さ方向の分布は前問で解けている．いずれにせよ，尿素濃度は中心に対して対称だ.

最も効率が高いときに対して，そうでないときの比率を有効係数と呼んでいる． 尿素濃度の厚さ方向の分布がわかっていると，それを反応速度に変換して算出できる.

$$\text{有効係数} = \frac{\text{現実の尿素反応量}}{\text{理想の尿素反応量}} \tag{8.32}$$

$$\text{分母} = \text{単位時間あたりの理想の尿素反応量}\ [\text{kg/s}] \tag{8.33}$$

$$= \sum S\,\Delta z a_v k_1 C_{AS} \tag{8.34}$$

$$= \int_{-L}^{L} S\,\Delta z a_v k_1 C_{AS} \tag{8.35}$$

$$= S a_v k_1 C_{AS} \int_{-L}^{L} \partial z \tag{8.36}$$

ここで，C_{AS} はシート両面の尿素濃度で一定と仮定するので，積分の前に出せる．それでは，外部液の尿素が加水分解されていないようになるけれども，外部液が大量にあると考えてほしい．それに C_{AS} が徐々に減っても効率はあまり変わらないだろう．

$$分子 = 単位時間あたりの現実の尿素反応量\ [\mathrm{kg/s}] \tag{8.37}$$

$$= \sum S\,\Delta z a_v k_1 C_A \tag{8.38}$$

$$= \int_{-L}^{L} S\,\Delta z a_v k_1 C_A \tag{8.39}$$

$$= S a_v k_1 \int_{-L}^{L} C_A \partial z \tag{8.40}$$

ここで，C_A はシートの厚さ方向 z の関数だから，積分の前には出せない．

分子と分母内の $S a_v k_1$ が打ち消し合うので，一次反応なら有効係数は濃度の平均値に等しくなる．それぞれ積分の箇所を算出しよう．

$$分母の積分部分 = \int_{-L}^{L} \partial z = [z]_{-L}^{L} = L - (-L) = 2L \tag{8.41}$$

$$\begin{aligned} 分子の積分部分 &= \int_{-L}^{L} C_A \partial z \\ &= \int_{-L}^{L} C_{AS} \frac{e^{\sqrt{K}z} + e^{-\sqrt{K}z}}{e^{\sqrt{K}L} + e^{-\sqrt{K}L}} \partial z \\ &= \frac{C_{AS}}{e^{\sqrt{K}L} + e^{-\sqrt{K}L}} \int_{-L}^{L} (e^{\sqrt{K}z} + e^{-\sqrt{K}z}) \partial z \\ &= \frac{C_{AS}}{e^{\sqrt{K}L} + e^{-\sqrt{K}L}} \frac{1}{\sqrt{K}} [e^{\sqrt{K}z} - e^{-\sqrt{K}z}]_{-L}^{L} \end{aligned} \tag{8.42}$$

[ ] の部分を計算すると，

$$= (e^{\sqrt{K}L} - e^{-\sqrt{K}L}) - (e^{-\sqrt{K}L} - e^{\sqrt{K}L}) = 2(e^{\sqrt{K}L} - e^{-\sqrt{K}L}) \tag{8.43}$$

戻すと，

$$= \frac{2\,C_{AS}}{e^{\sqrt{K}L}+e^{-\sqrt{K}L}}\ \frac{1}{\sqrt{K}}\,(e^{\sqrt{K}L}-e^{-\sqrt{K}L})$$

$$= \frac{2\,C_{AS}(e^{\sqrt{K}L}-e^{-\sqrt{K}L})}{\sqrt{K}\,(e^{\sqrt{K}L}+e^{-\sqrt{K}L})} \tag{8.44}$$

ようやく，有効係数に戻って，

$$\text{有効係数}\ [-] = \frac{2\,C_{AS}(e^{\sqrt{K}L}-e^{-\sqrt{K}L})}{\sqrt{K}\,(e^{\sqrt{K}L}+e^{-\sqrt{K}L})}/(2C_{AS}L)$$

$$= \frac{e^{\sqrt{K}L}-e^{-\sqrt{K}L}}{\sqrt{K}\,L(e^{\sqrt{K}L}+e^{-\sqrt{K}L})}$$

$$= \frac{\left(\dfrac{e^{\sqrt{K}L}-e^{-\sqrt{K}L}}{e^{\sqrt{K}L}+e^{-\sqrt{K}L}}\right)}{\sqrt{K}\,L}$$

$$= \frac{\tanh\sqrt{K}\,L}{\sqrt{K}\,L} \tag{8.45}$$

途中，どうなることやらと思っていたが，答えは，ハイパーボリックタンジェントでありながらも，美しい形であるところが面白い．

$\sqrt{K}\,L$ をパラメータとして，多孔性シートの厚さ方向の尿素の濃度分布（式(8.31)）を**図 8.5** に示す．また，$\sqrt{K}\,L$ を横軸にして，縦軸に有効係数(式(8.45))を計算した**図 8.6** を示す．

ここで，TOIChE【13】で学んだ無次元数のつくり方を思い出そう．

$$-a_v k_1 C_A = -D_{Ae}\frac{\partial^2 C_A}{\partial z^2} \tag{8.46}$$

この収支式で，反応項の拡散項に対する比をとる（逆でもよいのだけども…）．

$$\frac{\text{反応項}}{\text{拡散項}} = \frac{a_v k_1 C_A}{D_{Ae}\dfrac{\partial^2 C_A}{\partial z^2}} \tag{8.47}$$

ここで，反応項は㊈の具体的内容で，拡散項は（㊉－㊀）にフィックの法則を代入して得られる内容である．ここに，C_A と z に，それぞれの代表値 C_{AS} と L を代入すると，式（8.14）を思い出して

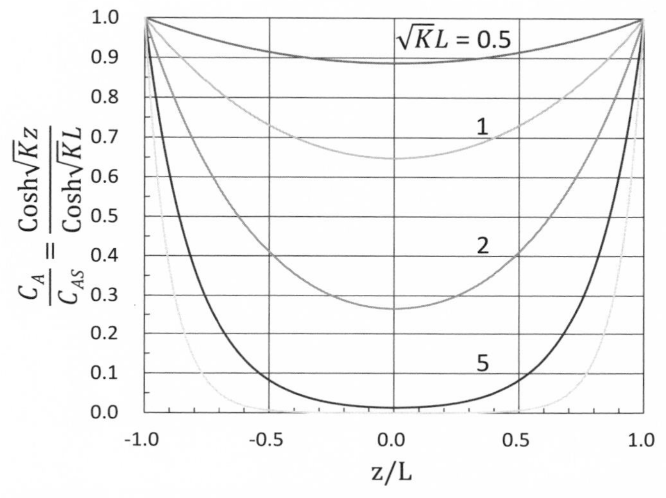

図 8.5　ウレアーゼ固定多孔性シートの厚さ方向の尿素の濃度分布

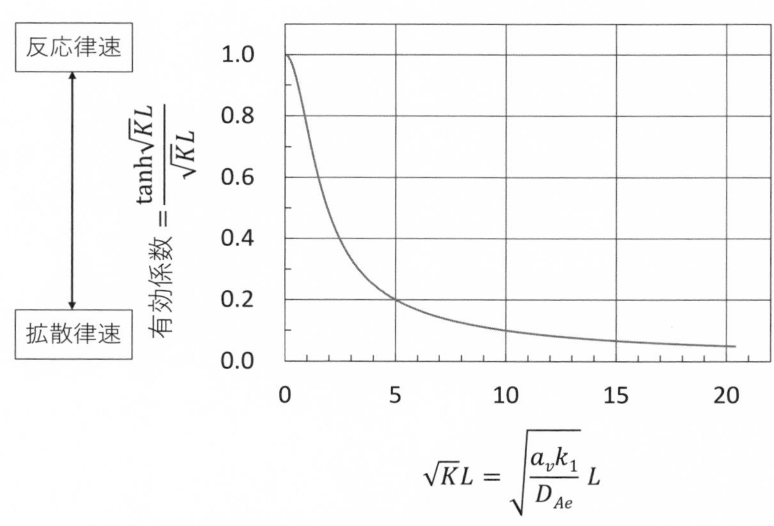

$$\sqrt{K}L = \sqrt{\frac{a_v k_1}{D_{Ae}}}\,L$$

図 8.6　ウレアーゼ固定多孔性シートの有効係数

$$\frac{a_v k_1 C_{AS}}{D_{Ae}\dfrac{C_{AS}}{L^2}} = \frac{a_v k_1}{D_{Ae}/L^2}$$
$$= \left(\frac{a_v k_1}{D_{Ae}}\right)L^2$$
$$= KL^2$$
$$= (\sqrt{K}\,L)^2 \tag{8.48}$$

このように無次元数づくりをしても，パラメータ$\sqrt{K}\,L$が登場する．

通勤の駅ホームで体験できる「律速」

パラメータ$\sqrt{K}\,L$の物理的意味を考えてみよう．

$$\sqrt{K}\,L = \sqrt{\frac{a_v k_1}{D_{Ae}}}\,L$$
$$= \sqrt{\frac{(\text{比表面積})(\text{反応速度定数})}{(\text{有効拡散係数})}} \times (\text{厚さの半分}) \tag{8.49}$$

ここで，$\sqrt{K}\,L$が小さな値であるとは，「反応項」が「拡散項」に比べて寄与が小さいこと．言い換えると，**基質の拡散が多孔性シートの孔内部まで間に合っていて，「反応待ち」（専門用語でいうと「反応律速」）であること．この場合には，触媒自体の性能を上げることに価値がある．**触媒の改良によって総括反応が速まる．

形容詞「総括」の対立語は形容詞「真の」である．真の反応速度論は「大学化学」で学ぶ．**原料成分が活性点まで移動して初めて反応が起きる．この物質移動過程に時間がかかるのなら，測定される反応速度は「総括反応速度」であり，「真の反応速度」よりも遅い．「会社化学」ではこの点を理解して反応装置を設計するのだ．**

$\sqrt{K}\,L$が大きな値であるとは，「反応項」が「拡散項」に比べて寄与が大きいこと．言い換えると，**基質の拡散が多孔性シートの孔内部まで間に合わずに「拡散待ち」（専門用語でいうと「拡散律速」）であること．この場合には，触媒自体の性能を上げる必要がない．**むしろ，触媒を表面付近に集中させたほうがよい．そのほうが高価な触媒なら使用量が減るので助かる．触媒を改良して

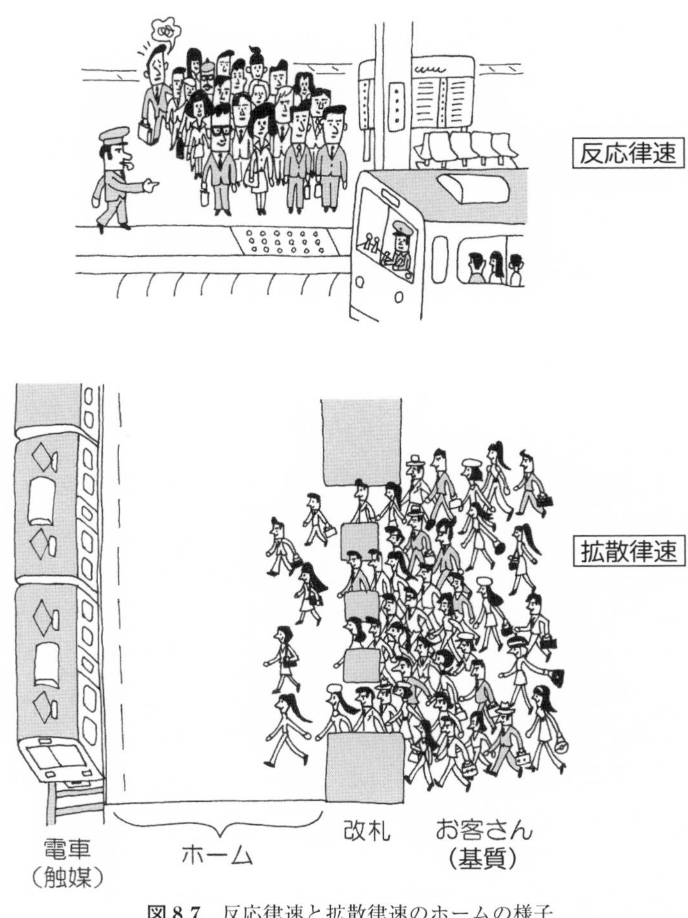

図 8.7　反応律速と拡散律速のホームの様子

も無駄になる.

ホームにお客さん（基質に対応）が溢れていて電車（触媒自体に対応）の到着を待っているのが「反応律速」，一方，電車（触媒自体）がホームに来ていても，改札口が混雑して，お客さん（基質）がホームにあまり入ってこられないのが「拡散律速」である（**図 8.7**）.

多孔性シートの厚さ方向に均一にウレアーゼが固定されているけれども，尿素が相当に薄いこともあって，両面付近でほぼ全部，反応している事態になっていることもある．そうだとすると，多孔性シートの中心付近に固定されているウレアーゼは「開店休業」状態である．宝の持ち腐れだ．触媒には，白金，パラジウム，ロジウムといった高価な貴金属元素からなる単体や化合物を担持する場合が多いから，**拡散律速なら，触媒を外表面付近だけに担持して使用量を減らすのが得策である．**

これで「移動速度論」と「総括反応速度論」の演習を終えた．「大学化学」と「会社化学」との違いをわかっていただけたと思う．**「会社化学」は定量的に議論するので，数学がどうしても必要だ．**高校時代から「数学」が嫌いだから「化学」に進んだのにとか，あるいは大学に入って「数学」で苦労したのにとか，いまさら「なんで私が数学に！」とか叫びたいだろう．しかし，**その数学は抽象的ではなく，イメージ付きの数学だ．便利だし，会社に必要なのだから，我慢強く，式を立て，解いて利用するのがよい．**「会社化学」が会社の業績に，自分の給料に直結していると思って **TOIChE** に取り組んでほしい．

この本は式変形を省略していない点で，著者が言うのもなんだが，初学者にはよい本だ．この本を放り出したら，会社が困る，読者が困る，著者も困る．第9章では，モデリングを学ぼう．私は競馬を知らないけれども，第4コーナーに差し掛かったあたりにいる．もう一息，自分に鞭を打って進もう．私は山登りが苦手だけれども，8合目あたりにいる．もう一息，水筒の水，いや岩肌から噴き出した清水を飲んで気合を入れよう．ここへきて，「方法論」ではなく「精神論」になってきた．

空間内に広がる濃度や温度の分布を求めて，平均値を知るという微分と積分の役割を知った．式の上だけで，微分したり，積分したりするのはむなしい．**空間での濃度や温度の分布，平均，さらに効率がわかるなんて，高校まで必死に数学を学んできてよかった**と，学生時代に私は思うようにした．実用数学はすばらしい道具だ！ と言いたい．

第9章

「会社化学」の演習 その3

異相間物質移動のモデリング［福島第一原発の汚染水処理］

汚染海水への吸着繊維の投入

演習問題 9.1

東京電力福島第一原子力発電所 1～4 号機の取水路前の港湾に，放射性セシウムが流入し，汚染海水が発生している．港湾のサイズは，横幅 400 m，縦幅 80 m，そして深さ 5 m（海水量 16 万トン）である．「不溶性フェロシアン化コバルト担持繊維（吸着繊維）」を港湾に投入して，放射性セシウム濃度を 1/10 に減らしたい．これに最低限必要な吸着繊維の投入重量を算出しなさい．ただし，吸着繊維は 1 回の使い切りとする．

「会社化学」を習得していない「大学化学」者が高性能吸着材をつくると，吸着材を評価するときに，例えば，初濃度 10 ppm のセシウム水溶液 10 mL へ 0.1 g の吸着材を投入し，24 時間後のセシウム濃度を測定し，セシウムの除去率を算出する．そこまでして実験を終えるのが普通である．福島第一原発でのメルトダウン事故直後に日本原子力学会が提示したセシウム**吸着材のスクリーニングテストの方法がまさにこれだった．しかし，このデータをとっても吸着材を選べるだけであって，この演習問題にあるような概念設計はできない．**

私が大学で「化学工学」を学んだ頃（1973～1977 年）には，「単位操作」という講義があった．しかも「単位操作 1」から「単位操作 3」まであった．ここで「単位操作」は unit operation の日本語訳である．unit には「装置」という意味があるから「装置の操作」が適切な日本語訳だと思う．

「蒸留」「吸収」「晶析」「吸着」そして「抽出」といった化学現象に基づく操作から，「攪拌」「分級」「遠心分離」そして「沈降」といった物理現象に基づく操作まで，現場を知らない学生であるにもかかわらず，装置の仕組みや設計法を一通り学んだ．その後，大学院から「分離技術」の研究室に進んで，研究テーマとして「海水からのウラン捕集」に取り組んだ．その後，35年にわたって高分子吸着材の開発に関わることになった．

吸着材のよしあしの基準

吸着材の性能の評価基準は「吸着容量」「吸着速度」そして「繰り返し利用での耐久性」の3項目である．3つ目の「耐久性」は大学の研究室では取り組みにくい項目である．現場では3〜5年にわたって吸着操作と溶出操作を1000回も繰り返して吸着材を使用するから「耐久性」を調べることは大切だ．しかし，大学では学部の4年生や修士の院生が研究を進めるので，3年間も吸着材の耐久性を調べていたら卒業や修了ができなくなる．だから，私の研究室では吸着と溶出を10回程度繰り返して，吸着材の性能劣化がなければ，それでよしとしてきた．

「吸着容量」と「吸着速度」は大学の研究室で評価できる．対象とする物質（私の場合は，水溶液中の金属イオンやタンパク質）をたくさん，速く吸着するのが好ましい吸着材であった．「吸着容量」はその名のとおり，対象成分が高濃度に溶けている水溶液中に吸着材を投入したときに，時間が経って，もうそれ以上吸着しなくなり，平衡に達したときに吸着材に捕捉された対象成分の量である．濃度をそれ以上に高くしても吸着量が一定であるときの吸着容量である．言い換えると，平衡吸着値の最大値が吸着容量である．

しかし，対象成分の濃度が低濃度の場合，平衡まで達しても吸着容量より低い吸着量で終わる．液の濃度と吸着材の平衡吸着量との関係を吸着平衡関係と呼んでいる．圧力は通常は大気圧下，温度は実験のしやすい，または現場の条件に合わせた温度範囲で行う．水溶液に溶けている成分が単成分とは限らずに，多成分だと，吸着部位（吸着サイト）を競合する可能性が高い．そのため，吸着平衡関係を定量的に表すのは複雑になる．

吸着速度の測定法には回分法と流通法の2通りがある．まず，回分法では，ビーカーに一定の溶液を注いで，ある重量の吸着材を投げ込んで攪拌し，液中の対象成分の濃度を追跡する．これに対して，流通法では，吸着材を筒や管に充填して，筒や管の入口から液をポンプで流入させ，出口から流出する液の対象成分濃度を追跡する．回分法で得られる濃度変化の曲線を「減衰曲線（decay curve）」，一方，流通法で得られる濃度変化の曲線を「破過曲線（breakthrough curve）」と呼んでいる．

吸着等温線

吸着平衡は，化学平衡の一つであるけれども，「大学化学」の「物理化学」の講義には登場しない．吸着材を液体に投げ込んで，攪拌または振とうする．液体中の対象成分 A の濃度の減りが止まって一定になったときの濃度 C_A と，そこから計算される吸着量 q_A との関係が吸着平衡関係である．「平衡」まで無限大の時間がかかると習うが，実際には有限時間（例えば，24 時間）で平衡とみなせる状況になる．

この実験では，液固比を変える．ここで，液固比とは液量の吸着材に対する重量比を指す．例えば，10 mL（普通の水溶液なら比重が 1 なので 10 g に相当）に吸着材 0.1 g なら液固比は 100（両方とも g で計算すると無次元）と計算される．液固比が大きすぎると濃度が減らないから吸着量を算出できない．逆に，液固比が小さすぎると濃度がゼロになって平衡になっているのかどうか判定できない．適当な液固比の範囲を探して実験すると，平衡になっている液の濃度 C（平衡濃度）とそこから算出される吸着材の吸着量 q（平衡吸着量）の組み合わせが複数個とれる．

平衡濃度と平衡吸着量との組み合わせを，縦軸に吸着量，横軸に濃度をとったグラフ中に点を描き込む．それらの点を結んだ曲線（直線のときもある）を「吸着等温線」と呼んでいる．isotherm を日本語訳して「等温線」になった．繰り返しになるが,「吸着等温線」は吸着平衡になったときの話である．

吸着等温線の代表例が次式のラングミュア（Langmuir）型である．ここでは，下付き添え字があると読みにくいので，成分名 A を省いた．

$$q = \frac{q_m KC}{1+KC} \tag{9.1}$$

ここで，q と q_m は，それぞれ吸着繊維の平衡吸着量［g/kg］と飽和吸着量［g/kg］

である．また，C と K はそれぞれ液の平衡濃度［g/m^3］と吸着平衡定数［m^3/g］である．

汚染海水側の物質収支

ビーカーに液と吸着材を投入する．反応が起きない限り，ビーカー全体を「場」と考えたときには，「場」内の成分 A の全量はいつまで経っても不変である．ここでは，福島第一原発 1〜4 号機の取水路前の港湾内で**セシウムは液（液相）から吸着材（固相）へ異相間を移動するだけである．**

福島第一原発 1〜4 号機の取水路前の 16 万 m^3 という汚染海水をもつ港湾を一つの「槽」とみなすのだから，ずいぶんとスケールの大きなモデルである．太平洋を一つの槽とみなすのではなく，400 m×80 m×5 m という大きな箱を槽とみなすのならよしとしよう．この槽が，放射性セシウムが移動する「場」である．この槽内に滞留している汚染海水中の放射性セシウムを除去するために，吸着繊維を投入する．

槽内の海水にはもともと非放射性（天然）のセシウムが 0.3 ppb（mg-Cs/m^3）の濃度で溶存している．セシウムはセシウムイオン（Cs^+）の形態で海水に溶ける．簡単のため，Cs^+をセシウムと呼ぶ．ある一定期間，放射性セシウムを含む地下水が原子炉建屋側から港湾（槽）へ流入した．不溶性フェロシアン化コバルトの微粒子を担持した吸着繊維は，ジャングルジム状のフェロシアン化コバルト結晶格子の中にセシウムを取り込む．この吸着原理からして，**非放射性セシウムと放射性セシウムを識別して，放射性セシウムだけを捕捉することはできない．吸着繊維は両方を捕まえるのだ．**そこで，非放射性セシウムと放射性セシウムの合計濃度をセシウムの濃度 C［g-Cs/m^3］とする．

吸着繊維を投入する時点では，原子炉建屋側から地下水の流入はすでになく，港湾の内側から外側の海域への汚染海水の流出も起きていない．汚染海水がじっと槽内に滞留しているわけだ．吸着繊維を投入すると，放射性セシウムと非放射性セシウムの両方が吸着繊維に吸着していく．吸着繊維へセシウムが吸着するうちはセシウムの濃度勾配が汚染海水に生じるからである．この物質移動は吸着平衡に達するまで続く．

「場」の状況説明が終わったので，いよいよ物質収支式を立てよう．いつもの「入溜消出」だ．吸着繊維を投入してからの接触時間 t と，それから微小時間 Δt が経った時間 $t+\Delta t$ までの時間内で，槽内の汚染海水に溶けているセシウムの物質収支をとる．

㊅ ゼロ　[g-Cs]　(9.2)

この槽では，水の蒸発分があったり，降雨分があったりするけれども，そこは無視しよう．汚染海水の量 V は一定で16万[m³]．㊇項は，後の時間$(t = t+\Delta t)$から前の時間（$t = t$）を引き算して求める．

$$\text{溜}\quad (C|_{t+\Delta t} - C|_t)V \qquad \left[\frac{\text{g-Cs}}{\text{m}^3}\right][\text{m}^3] = [\text{g-Cs}] \tag{9.3}$$

吸着繊維の投入によって汚染海水から「消」えるセシウムは，汚染海水と吸着繊維との界面を通過して海水側から繊維側へ移動するセシウム量である．吸着繊維は途中で槽から流出することはなく，その重量 W [kg] は一定である．

$$\text{消}\quad (q|_{t+\Delta t} - q|_t)W \qquad \left[\frac{\text{g-Cs}}{\text{kg}}\right][\text{kg}] = [\text{g-Cs}] \tag{9.4}$$

㊉ ゼロ　[g-Cs]　(9.5)

4項が出揃ったところで，物質収支式を立てると，

$$\text{ゼロ} - (C|_{t+\Delta t} - C|_t)V - (q|_{t+\Delta t} - q|_t)W = \text{ゼロ} \tag{9.6}$$

V と W を書き落としそうなので，括弧の前にもっていく．それから「微分コンシャス」，言い換えると，微分の定義式を意識して変形する．

$$\frac{C|_{t+\Delta t} - C|_t}{\Delta t} \tag{9.7}$$

$$\frac{q|_{t+\Delta t} - q|_t}{\Delta t} \tag{9.8}$$

全項を Δt で割って，

$$-V\frac{C|_{t+\Delta t} - C|_t}{\Delta t} - W\frac{q|_{t+\Delta t} - q|_t}{\Delta t} = 0 \tag{9.9}$$

Δt を無限小にすると，

$$-V\frac{\partial C}{\partial t} - W\frac{\partial q}{\partial t} = 0 \tag{9.10}$$

せっかく分母が ∂t で共通なので左辺の第1項と第2項をつなげよう.

$$-\frac{\partial(V\,C+W\,q)}{\partial t}=\text{ゼロ} \tag{9.11}$$

この時間 t についての微分方程式は，左辺の括弧の中が時間 t によらずに一定であることを示している.

$$V\,C+W\,q=\text{一定} \tag{9.12}$$

一定といわれても，わかりにくいので，吸着繊維投入時（直前でも直後でも）の値を使う.

$$V\,C+W\,q=V\,C_0+W\,q_0 \tag{9.13}$$

左辺と右辺を入れ替えて，

$$V\,C_0+W\,q_0=V\,C+W\,q \tag{9.14}$$

セシウムが吸着していない新品の吸着繊維を使っているなら，左辺第2項の q_0 はゼロである.

$$V\,C_0=V\,C+W\,q \tag{9.15}$$

槽内の汚染海水中に初めに溶けていたセシウムが，吸着繊維の投入によって汚染海水中から吸着繊維内へ移動し吸着する．それでも槽全体へ新たにセシウムは入らず，槽全体からもセシウムは出ていかないので，汚染海水に溶けているセシウム量と吸着繊維に吸着したセシウム量を合わせた槽内のセシウムの総量は時間が経っても不変であるという当たり前のことが式で表された.

今度は吸着繊維の投入時（$t=0$）から任意の接触時間（$t=t$）までの物質収支式をつくってみよう.

(入)　ゼロ　[g-Cs]　(9.16)

(溜)　$V(C|_t-C|_0)$　[g-Cs]　(9.17)

吸着繊維への吸着したセシウム量は汚染海水から「消」えたセシウム量である.

(消)　$W(q|_t-q|_0)$　[g-Cs]　(9.18)

(出)　ゼロ　[g-Cs]　(9.19)

4項が出揃ったから物質収支式を立てる.

$$\text{ゼロ}-V(C|_t-C|_0)-W(q|_t-q|_0)=\text{ゼロ} \tag{9.20}$$

吸着繊維が新品だから $q|_0$ はゼロである．左辺に投入時，右辺に接触時間 t に対応する項がくるように変形すると，$C|_0=C_0$ として，

$$V C_0 = V C + W q \quad (9.21)$$

となって，式（9.15）と一致する．微小な接触時間 Δt で物質収支をとっても，長い接触時間 t で物質収支をとっても同一の式が得られた．あたり前田のクラッカー．違ったら誰も責任がとれない．

もちろん，式（9.21）は吸着平衡時も成り立つ．そのときには，C_e と q_e を使って次式となる．$t=0$ の C_0 と q_0 に対抗して $t=\infty$ の C_∞ と q_∞ がよいが，∞が読みにくいので，equilibrium（平衡）の頭文字 e をつけた．

$$V C_0 = V C_e + W q_e \quad (9.22)$$

吸着材の最低限投入重量の計算：吸着等温式と物質収支式の連立

閉鎖海域の汚染海水（**図 9.1**）から放射性セシウムを除去するのに最低限必要な吸着繊維の投入重量を決定するには，吸着等温式と物質収支式を連立すればよい．**吸着等温式を連立するということは吸着平衡まで吸着繊維を浸漬させるのだから，最低限の投入重量で済ませるという意味だ．**

海水中という多成分かつ高濃度の液中での吸着繊維のセシウムに対する吸着等温線を作成した．作成とはいっても，回分法で液固比を変えて吸着平衡データをとる実験のことである．

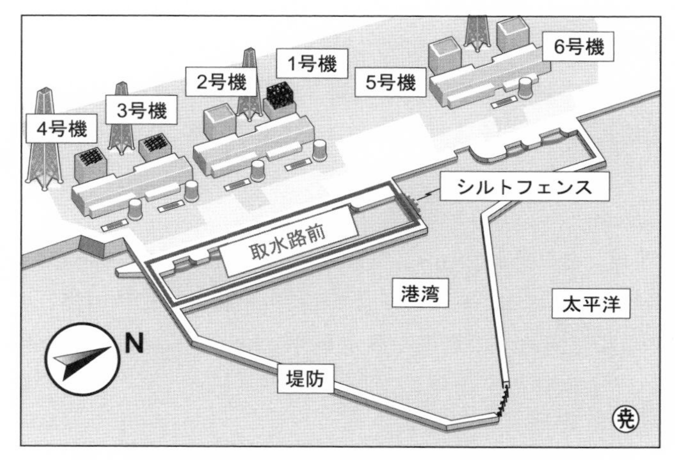

図 9.1　福島第一原発 1 ～ 4 号機取水路前の港湾

第9章

不溶性フェロシアン化コバルトはジャングルジム型の結晶構造の内部にセシウム（Cs^+）を特異的に取り込むために，競合がほとんどなく，吸着平衡データはラングミュア型吸着等温式に整理できた．セシウムとアルカリ金属として同族であるナトリウム（Na^+）やカリウム（K^+）との競合がないとみなせるので，単成分の吸着平衡の扱いで済む．セシウム除去なら海水中でもセシウムのことだけ考えておけばよいのでとても楽だ．ストロンチウム（Sr）の除去では，同じアルカリ土類金属に属するカルシウム（Ca）やマグネシウム（Mg）との競合を無視できないので，こうはいかない．

式（9.1）の説明の繰り返しになるが，平衡時の濃度と吸着量なので，下付き添え字 e をつけたいところだけれども，「吸着等温式」といっているのだから平衡時に決まっているので下付き添え字 e はつけない．

$$q = \frac{q_m KC}{1 + KC} \tag{9.23}$$

セシウム版ラングミュア型吸着等温式なので記号説明を繰り返すと，q と q_m はそれぞれ吸着繊維のセシウム平衡吸着量［g-Cs/kg］とセシウム飽和吸着量［g-Cs/kg］である．また，C と K はそれぞれ液のセシウム平衡濃度［g-Cs/m^3］と吸着平衡定数［m^3/g-Cs］である．

海水中の非放射性セシウム濃度は 0.3 ppb（mg-Cs/m^3）であるため，通常の分析機器（例えば，誘導結合プラズマ分光装置）を使っても測定できない．そこで，放射性セシウムを使っての実験になった．研究仲間である浅井志保氏（当時，日本原子力研究開発機構，現在，産業技術総合研究所）が測定した．ここまで低濃度になってくるとラングミュア型吸着等温式は次の直線平衡式で表される．

$$q = q_m KC \tag{9.24}$$

q_m および K は，それぞれ 28 g-Cs/kg および 0.76 m^3/g-Cs であった（**図 9.2**）．

この吸着等温式と，式（9.15）や式（9.21）を変形した次の物質収支式を連立させて，現場（港湾）の規模や設定条件（10% までの減少）を代入すると吸着材重量 W を算出できる．

$$W q = V(C_0 - C) \tag{9.25}$$

ここで，W と V は，それぞれ吸着繊維重量［kg］および汚染海水量［m^3］（こ

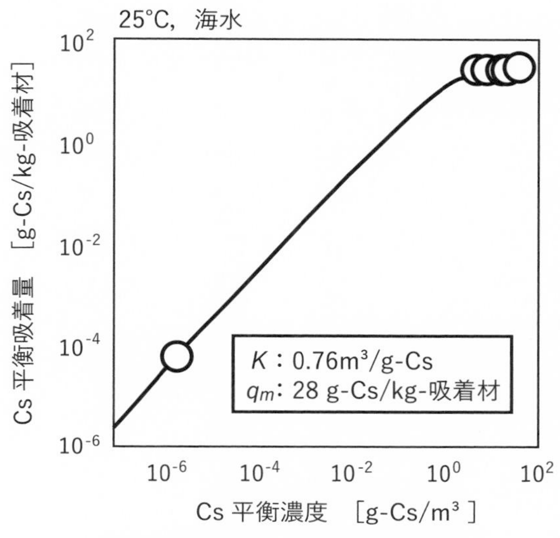

図 9.2　吸着等温線（q_m と K の決定）

こでは，16 万 m^3）である．C_0 は液のセシウム初濃度（0.3 mg-Cs/m^3）である．

非放射性セシウムは放射性セシウムより圧倒的に濃度が高い．例えば，放射性セシウム濃度が 100 Bq/L なら 3.0×10^{-5} mg/m^3 に相当し，非放射性セシウムの 1/10000 の濃度である．したがって，計算の上では C_0 も C も非放射性セシウムの濃度である．非放射性セシウムと同一の割合で放射性セシウムも吸着するから放射能レベルも下がる．

平衡濃度 C と平衡吸着量 q を未知数とする式（9.24）と式（9.25）を連立させて解こう．ここからは見分けがつくように未知数を**太字**にする．この問題では,「液中のセシウム濃度を 1/10 にしたい」のだから, $\boldsymbol{q}$ を消去して $\boldsymbol{C}$ を残す. $\boldsymbol{C}/C_0$ を算出する式の導出をめざす.

$$W\,q_m\,K\boldsymbol{C} = V(C_0 - \boldsymbol{C}) \tag{9.26}$$

$$(W\,q_m\,K + V)\boldsymbol{C} = V\,C_0 \tag{9.27}$$

$$\frac{\boldsymbol{C}}{C_0} = \frac{V}{W\,q_m K + V} \tag{9.28}$$

ここで，$\boldsymbol{V/W}$ を「液/固パラメータ」と名付ける．「液/固パラメータ」の単位は m^3/kg（＝L/g）である．一方，「液固比」の単位は mL/g であり，普通の

水溶液なら 1 mL は 1 g なので，mL/g=g/g となって単位がなくなり，「比」と呼ぶにふさわしい．したがって，「液/固パラメータ」の値 1 m³/kg(=L/g) を「液固比」の値に換算すると 1000 になる．少々紛らわしい．なお，固体吸着材が吸着繊維のときには「液固比」は「液繊維比」，そして「液/固パラメータ」は「液/繊維パラメータ」と呼ぶことにする．

V/W を見据えて，式 (9.28) をさらに変形する．

$$\frac{\boldsymbol{C}}{C_0} = \frac{1}{(W/V)q_m K + 1}$$

$$= \frac{1}{(q_m K)/(V/W) + 1} \tag{9.29}$$

吸着繊維にセシウムを吸着する能力がない（$q_m K =$ ゼロ）とき，または吸着繊維重量に対して液量が非常に大きい（$V/W = \infty$）ときには，左辺 $\boldsymbol{C}/C_0$ は 1 となってセシウムの濃度が減らないことになるから，この式は合理的だ．

放射性物質の除去では，放射性物質の濃度の減少，すなわち放射能の減少への要求が厳しいので，C/C_0 を 1/10 どころか，$1/10^2$，$1/10^4$，$1/10^6$ にまで低下させたいという場合もある．そこで，式 (9.29) の左辺 C/C_0 を逆数の C_0/C に変えて，除染係数 (decontamination factor, DF) と名付け，この値が大きいほど，除染の度合いが増したという目安にするのが原子力分野では通例になっている．

$$\frac{C_0}{\boldsymbol{C}} = \frac{q_m K}{(V/W)} + 1 \tag{9.30}$$

右辺の前後を入れ替えると，

$$\frac{C_0}{\boldsymbol{C}} = 1 + \frac{q_m K}{(V/W)} \tag{9.31}$$

こうすると，右辺第 2 項は，吸着材の吸着性能の除染係数 DF への寄与を示している．液/固パラメータ (V/W) が大きいほど，$q_m K$ の値が大きな吸着材が要望されるわけだ．

さて，演習問題に戻ろう．閉鎖海域の汚染海水へ吸着繊維を 1 回投入し，吸着平衡に達するまで吸着繊維を浸漬するとして W を算出する．

$$\text{吸着平衡時の DF} = 1 + \frac{q_m K}{(V/W)} \tag{9.32}$$

W を求める式に変形すると，

$$\mathrm{DF} - 1 = \frac{q_m K}{(V/W)}$$

$$V/W = \frac{q_m K}{\mathrm{DF} - 1}$$

$$W = \frac{V}{q_m K/(\mathrm{DF} - 1)} \tag{9.33}$$

$q_m = 28$ g-Cs/kg と $K = 0.76$ m^3/g-Cs を代入．さらに，この問題では「16 万トン（$V = 16$ 万 m^3）の汚染海水中のセシウム濃度を 1/10（DF でいうと 10）まで低減させる」のだから，

$$W[\mathrm{kg}] = \frac{160000}{(28 \times 0.76)/(10 - 1)} = 68000 \tag{9.34}$$

6 万 8000 kg すなわち 68 トンの吸着繊維重量が最低限でも必要と算出された．68 トンは汚染海水量 16 万トンの 1/2350 に相当する．吸着繊維の性能を表す $q_m K$ が大きい値であればあるほど，DF 10 を達成できる吸着繊維重量 W を少なくできる．だからこそ，吸着繊維の改良が肝要となるのだ．

総括吸着速度の算出に必要な界面のモデリング

第9章

演習問題　9.2

「不溶性フェロシアン化コバルト担持繊維（吸着繊維）」を港湾に投入して，放射性セシウム濃度を 1/10 に減らしたい．さて，吸着繊維を汚染海水に浸す時間（接触時間）を算出しなさい．

吸着繊維の投入重量を決めたら，次は汚染海水に浸す時間の算定である．セシウム除去に期限（例えば，6 カ月）があるのに吸着が遅いと，前問で算出した最低限の投入重量では期限に間に合わずに，吸着繊維を追加投入するという可能性もある．吸着繊維はセシウムを高速に除去できるとはいっても，何日，何時間くらいかかるのか見当がつかない．放射性セシウム除去用の吸着繊維を

汚染海水から取り出す時間を決定しないと除染作業を開始できない．

吸着繊維の構造はそれなりに複雑である．アニオン交換基をもつ接ぎ木高分子鎖（「グラフト鎖」と名付ける）に不溶性フェロシアン化コバルト（$K_2Co[Fe(CN)_6]$，以後，CoFC と略記）の結晶が絡まっている．繊維の長さ方向の中心軸を繊維半径 $r=0$ とする繊維半径方向に CoFC の密度が分布している（**図 9.3(a)**）．調べてみると，特に，周縁部に集中していた．

セシウムイオン（Cs^+）は，CoFC 結晶まで移動し，イオン交換に基づいて捕捉される．この吸着現象が起きている「場」を詳しく描いてみよう．**図 9.3(b)** に示すように，ナイロン繊維に付与したプラス電荷をもつグラフト鎖に表面電荷がマイナスの CoFC 結晶が絡まって固定されている．ここで，一本のグラ

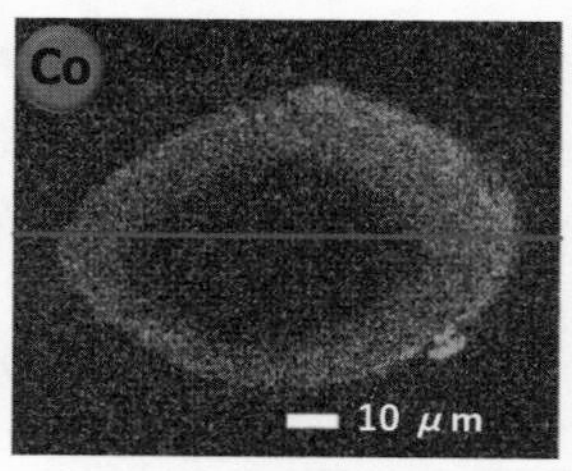

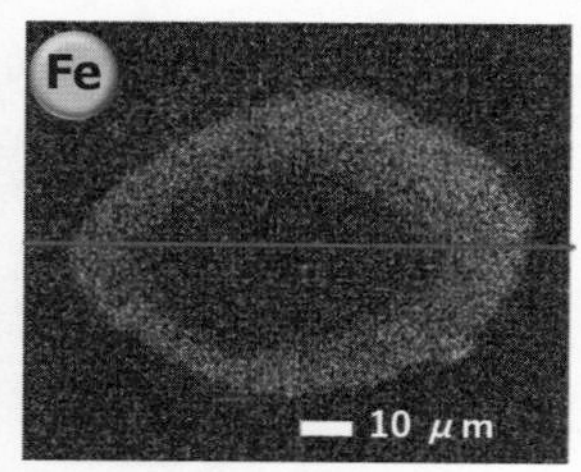

(a) 繊維断面方向での Co と Fe の元素分布

(b) グラフト鎖による微粒子固定

図 9.3　吸着繊維の構造

フト鎖に着目すると，基材（ナイロン繊維）表面から外部へ向いている「ポリマーブラシ（polymer brush）」部分と，内部へもぐっている「ポリマールーツ（polymer root）」部分とがある．どちらの部分にもCoFC結晶は絡まっている．ただし，ポリマールーツの周りにはナイロンの高分子鎖（以後，ナイロン鎖と略記）が存在している．

吸着繊維の構造が詳しくわかったので，今度は海水本体から吸着繊維へCs^+が移動しながら吸着する「場」を4つの領域に分類した（**図9.4**）.

(I) Cs^+は海水本体から液境膜を透過して液固界面（ポリマーブラシの先端）に到着する．

(II) Cs^+はポリマーブラシをかいくぐりながら，一部はCoFC結晶の表面から入って内部に捕捉され，残りはさらに深部へ拡散移動する．

(III) ポリマーブラシ部分を抜けてポリマールーツ部分（ナイロン鎖が周囲にある）に移動したCs^+はポリマールーツとナイロン鎖をかいくぐりながら，一部はCoFC結晶の表面からその内部に捕捉され，残りは繊維中心へと拡散移動する．

(IV) CoFC結晶は周縁部に集中して形成されているので繊維の芯の部分にはCoFC結晶がなく，Cs^+は濃度勾配に従ってナイロン繊維とポリマールーツが共存する部分を拡散移動する．

やがて，担持されているCoFC結晶の内部の吸着サイトがCs^+で埋まると，すなわち吸着平衡に達すると，Cs^+の濃度勾配が液中になくなり，Cs^+の移動が止む．

セシウムの移動過程がわかったので，ここからは吸着繊維へのセシウムの総括吸着速度を式で表すためのモデリングである．まずはおさらい．吸着を伴う物質移動の「場」は図の4つの領域からなる．すなわち，(I) 液境膜，(II) ナイロン鎖のないCoFC結晶の絡んだポリマーブラシ部分，(III) ナイロン繊維のあるCoFC結晶の絡んだポリマールーツ部分，そして (IV) ナイロン繊維とポリマールーツの共存部分である．厳密な解析では，この4つの領域のそれぞれでセシウムの物質収支式を立てる．その後，吸着繊維へのセシウムの総括吸着速度を計算する．

具体的にいうと，繊維半径方向の液中セシウム濃度と繊維内のセシウム吸着

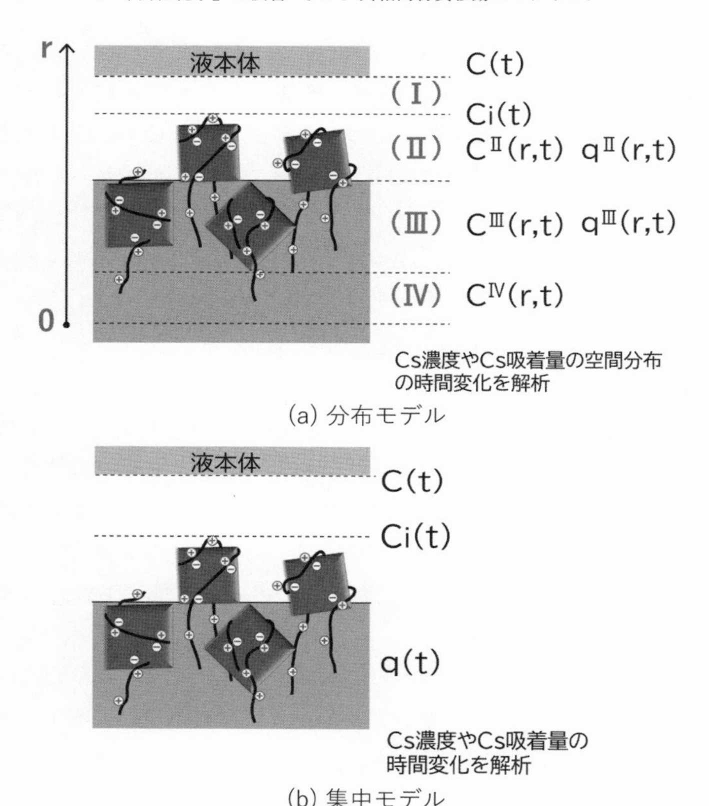

図 9.4　吸着繊維へのセシウム移動過程と 2 つのモデル

量の空間分布の時間変化を解析する作業である．数学的にいうと，円柱座標 r 方向の非定常拡散方程式(r と t についての偏微分方程式)を解くのだ．しかも，**4 つの領域で「場」が異なるので，セシウムの拡散係数がそれぞれ異なる．吸着平衡関係が線形であるとしても，まともに解くとなると相当にたいへんそうだ．**Help me!

ここは大胆に簡略化しよう．吸着繊維を使ったセシウム除去にかかる「正確な」時間は要らない．使用者の要望に応じて，厳密にも，大まかにも，変幻自在に実施できる作業がモデリングだと知るべし．「分布モデル」に基づく吸着繊維へのセシウムの吸着速度の厳密な解析は諦めよう．濃度や吸着量の空間分

布を考慮しない「集中モデル」で切り抜けることにする．集中モデルを採用すれば，定量化された式は偏微分方程式ではなく常微分方程式で済む．

ここでの集中モデルでは，吸着繊維のセシウム吸着量 q は，海水と吸着繊維の界面でのセシウム濃度 C_i と一瞬にして平衡状態になる．しかも，繊維内のセシウム吸着量に分布はなく，一様な値 q であると考える．「なんでだろう？ なんでだ？ なんでだろう？」ではなく，そうしてしまうのが「集中モデル」なのだ．前進のために厳密さは犠牲にしよう．「これでいいのだ！」テツ and トモとバカボンのパパの共演だ．

吸着繊維側の物質収支

総量 16 万 m^3 の汚染海水に投入する吸着繊維の全体を一つとみなして，いつもの「入溜消出」で物質収支式をつくろう．接触時間 $t=t$ から $t=t+\Delta t$ までの微小時間内でつくる．ここからは，C と q の太字化を中断する．

汚染海水（以後，液と略記）に接触している吸着繊維の表面（界面）を通過して吸着繊維内に入ってくるセシウムの量が㊡だから，物質移動係数 k の定義式でもある界面での物質流束［g-Cs/(m^2 s)］に，界面積 A[m^2]と接触時間 Δt[s]を掛けて，

$$\text{入}\quad k(C-C_i)A\,\Delta t\qquad \left[\frac{\mathrm{m}}{\mathrm{s}}\right]\left[\frac{\text{g-Cs}}{\mathrm{m}^3}\right][\mathrm{m}^2][\mathrm{s}]=[\text{g-Cs}]\tag{9.35}$$

ここで，C_i は液と吸着繊維の界面での液側セシウム濃度である．「界面（インターフェイス）」に対して「本体（バルク）」という用語がある．したがって，C は液本体のセシウム濃度である．

$$\text{溜}\quad (q|_{t+\Delta t}-q|_t)W\qquad \left[\frac{\text{g-Cs}}{\mathrm{kg}}\right][\mathrm{kg}]=[\text{g-Cs}]\tag{9.36}$$

㊡消　ゼロ　(9.37)

㊡出　界面に入ったまま吸着繊維からは出ていかないから，ゼロ　(9.38)

「入溜消出」が出揃ったので物質収支式をつくると，

$$k(C-C_i)A\,\Delta t-(q|_{t+\Delta t}-q|_t)W-\text{ゼロ}=\text{ゼロ}\tag{9.39}$$

「微分コンシャス」，言い換えると，次式を意識して変形する．このとき A と

Wを書き落とさないように前へもっていく.

$$\frac{q|_{t+\Delta t}-q|_t}{\Delta t} \tag{9.40}$$

全項をΔtで割って,

$$kA(C-C_i)-W\frac{q|_{t+\Delta t}-q|_t}{\Delta t}=0 \tag{9.41}$$

Δtを無限小にして, 微分方程式らしく微分形が左辺にくるように変形する.

$$W\frac{\partial q}{\partial t}=kA(C-C_i) \tag{9.42}$$

こうして吸着繊維のセシウム吸着量qの時間変化を表す微分方程式が出来上がった.

「界面」といっても描写は難しい. 繊維はゆらゆらで, ぐちゃぐちゃだ. 界面積$\boldsymbol{A}$は測定できそうもないので, 比表面積$\boldsymbol{a}$(=$\boldsymbol{A/W}$)にまとめよう. さらには, $\boldsymbol{k}$と$\boldsymbol{a}$も一括りにして「物質移動容量係数$\boldsymbol{k_a}$」として扱うことにした. 比表面積の文字$\boldsymbol{a}$は下付き添え字$\boldsymbol{a}$に降格させた. この本では常微分記号dではなく, なるべく偏微分記号∂を採用すると宣言したけれども, ここは空間「分布モデル」ではなく, 時間「集中モデル」にした意図がわかるように, この章末まで, ∂ではなくdを使う.

$$\frac{\mathrm{d}q}{\mathrm{d}t}=k\frac{A}{W}(C-C_i)$$
$$=k_a(C-C_i) \tag{9.43}$$

吸着等温式と2つの物質収支式の連立

吸着等温式と, 液側と吸着繊維側という2つのセシウム収支式を並べてみる. ここからも見分けがつくように**未知数は太字**にするのを再開. まず, 吸着等温式から, $\boldsymbol{q}$と$\boldsymbol{C_i}$との関係は

$$\boldsymbol{q}=q_mK\,\boldsymbol{C_i} \tag{9.44}$$

である. 言い換えると,「瞬間平衡」が成立している. すなわち, ほかの過程に比べて「真の」吸着(ここでは, イオン交換)にかかる時間は無視できるほ

ど短い．次に，液側のセシウム収支式は，

$$\boldsymbol{q} = \frac{V}{W}(C_0 - \boldsymbol{C}) \tag{9.45}$$

さらに，吸着繊維側のセシウム収支式は，

$$\frac{\mathrm{d}\boldsymbol{q}}{\mathrm{d}t} = k_a(\boldsymbol{C} - \boldsymbol{C}_i) \tag{9.46}$$

これらの３つの式（9.44）～(9.46）の中で，$\boldsymbol{C}$，$\boldsymbol{q}$，そして $\boldsymbol{C_i}$ が３つの未知数である．演習問題の答えを出すためには，液本体のセシウム濃度 $\boldsymbol{C}$ の時間についての微係数 $\mathrm{d}\boldsymbol{C}/\mathrm{d}t$ がわかると出口がみえてくる．

$$\frac{\mathrm{d}\boldsymbol{C}}{\mathrm{d}t} = \mathrm{function}\left(\boldsymbol{C}, q_mK, \frac{V}{W}, k_a\right) \tag{9.47}$$

この式右辺の括弧内の q_mK，V/W，そして k_a は，それぞれ吸着繊維の性能，海水と吸着繊維の割合，そして物質移動の度合いで決まる値である．これらは実験で決定できるので定数として話を進めよう．

３つの式から $\boldsymbol{C_i}$ と $\boldsymbol{q}$ を消去する．式（9.46）を連立の軸にしよう．$\boldsymbol{q}$ を $\boldsymbol{C}$ で表すために，式（9.46）の左辺は式（9.45）を微分して，

$$\frac{\mathrm{d}\boldsymbol{q}}{\mathrm{d}t} = -\frac{V}{W}\frac{\mathrm{d}\boldsymbol{C}}{\mathrm{d}t} \tag{9.48}$$

式（9.46）の右辺にある $\boldsymbol{C}_i$ は，式（9.44）から，

$$\boldsymbol{C_i} = \frac{\boldsymbol{q}}{q_mK} \tag{9.49}$$

ここでも $\boldsymbol{q}$ を $\boldsymbol{C}$ で表すために，式（9.45）を代入して

$$\boldsymbol{C_i} = \frac{V}{W}\frac{C_0 - \boldsymbol{C}}{q_mK} \tag{9.50}$$

これで，式（9.46）中の $\boldsymbol{q}$ も $\boldsymbol{C_i}$ も，$\boldsymbol{C}$ で表すことができた．準備万端．

$$-\frac{V}{W}\frac{\mathrm{d}\boldsymbol{C}}{\mathrm{d}t} = k_a\left(\boldsymbol{C} - \frac{V}{W}\frac{C_0 - \boldsymbol{C}}{q_mK}\right) \tag{9.51}$$

目標の式（9.47）に向かって変形する．

$$\frac{\mathrm{d}\boldsymbol{C}}{\mathrm{d}t} = -\frac{k_a}{V/W}\left(\boldsymbol{C} - \frac{V}{W}\frac{C_0 - \boldsymbol{C}}{q_mK}\right) = -k_a\left(\frac{\boldsymbol{C}}{V/W} - \frac{C_0 - \boldsymbol{C}}{q_mK}\right) \tag{9.52}$$

$\boldsymbol{C}$ が入っている項をまとめよう.

$$\frac{\mathrm{d}\boldsymbol{C}}{\mathrm{d}t} = -k_a\left[\left(\frac{1}{V/W}+\frac{1}{q_mK}\right)\boldsymbol{C}-\frac{C_0}{q_mK}\right] \tag{9.53}$$

実際に $\mathrm{d}\boldsymbol{C}/\mathrm{d}t$ を計算できる形である.

実験室での吸着平衡や吸着速度の実験から q_m, K, k_a を決定でき, 現場（ここでは, 取水路前の港湾）の規模や吸着繊維の投入量から液/繊維パラメータ（V/W）を設定できる. この式（9.53）は $\boldsymbol{C}$ についての1階の常微分方程式だから初期条件が1つ必要.

$$\text{初期条件：}\quad t = 0\text{ で,}\ \boldsymbol{C} = C_0 \tag{9.54}$$

任意の時間 t の濃度 $\boldsymbol{C}$ から, 濃度 $\boldsymbol{C}$ の変化の傾きを式（9.53）で計算できて, 出発点（$t=0$）の濃度 C_0 が式（9.54）で与えられた. そうしたら, ノートと鉛筆を使って $\boldsymbol{C}$ の値を順に計算していける. 電卓があると助かる.

その前に, $\boldsymbol{C}$ を初期濃度 C_0 に対する比 $\boldsymbol{y}$ にしておこう. そうしておくと, 数値が見やすい値（0〜1の間）になる.

$$\frac{\boldsymbol{C}}{C_0} = \boldsymbol{y} \tag{9.55}$$

として表すと,

$$\frac{\mathrm{d}\boldsymbol{y}}{\mathrm{d}t} = -k_a\left[\left(\frac{1}{V/W}+\frac{1}{q_mK}\right)\boldsymbol{y}-\frac{1}{q_mK}\right] \tag{9.56}$$

$$\text{初期条件：}\quad t = 0\text{ で,}\ \boldsymbol{y} = 1 \tag{9.57}$$

ノートと鉛筆, さらには電卓があれば微分方程式は解ける

微分方程式（9.56）を初期条件（9.57）のもとで, 手計算で解いて数値計算の感覚を身につけよう. そのために, 式（9.56）中の3つのパラメータ（k_a, V/W, そして q_mK）を数値として与えよう. 説明は後回しとして, 次の値を使う.

$$k_a\quad\text{物質移動容量係数：}\quad 1.7\times10^{-4}\ \mathrm{m^3/(kg\ s)} \tag{9.58}$$

$$\frac{V}{W}\quad\text{液/繊維パラメータ：}\quad\text{液繊維比 }1000\ \frac{\mathrm{mL}}{\mathrm{g}}$$

$$= 1000\,\frac{\mathrm{L}}{\mathrm{kg}} = 1\,\frac{\mathrm{m}^3}{\mathrm{kg}} \tag{9.59}$$

$q_m K$　吸着等温式の定数：　$0.76\,\dfrac{\mathrm{m}^3}{\text{g-Cs}} \times 28\,\dfrac{\text{g-Cs}}{\mathrm{kg}}$

$$= 21.2\,\frac{\mathrm{m}^3}{\mathrm{kg}} \tag{9.60}$$

単位を点検しておく．$\boldsymbol{y}$ は濃度比なので無次元である．

式（9.56）の左辺の単位：$\left[\dfrac{1}{\mathrm{s}}\right]$　(9.61)

式（9.56）の右辺の単位は 3 項ともに：

$$\frac{\mathrm{m}^3}{\mathrm{kg\ s}}\left[\frac{1}{\frac{\mathrm{m}^3}{\mathrm{kg}}}\right] = \left[\frac{1}{\mathrm{s}}\right] \tag{9.62}$$

単位は両辺合っている．それでは手計算を始めよう．

まずは，「微分を差分で近似」する．言い換えると，式（9.56）の記号を「d から Δ へ変換」する．次に，式（5.58）～(5.60）の値を代入して，

$$\frac{\Delta \boldsymbol{y}}{\Delta t} = -k_a\left[\left(\frac{1}{V/W} + \frac{1}{q_m K}\right)\boldsymbol{y} - \frac{1}{q_m K}\right]$$
$$= -1.7\times10^{-4}[(1.0+0.047)\boldsymbol{y} - 0.047] \tag{9.63}$$

さらに，Δt，すなわち時間の刻みを 5 分（300 秒）にしよう．刻みは勝手に決めてよいけれども，小さすぎると計算回数が増える．大きすぎると計算精度が落ちる．

$$\Delta \boldsymbol{y} = -1.7\times10^{-4}[(1.0+0.047)\boldsymbol{y} - 0.047]\times300$$
$$= -0.051[(1.0+0.047)\boldsymbol{y} - 0.047] \tag{9.64}$$

初期（$t=0$ 分）での $\boldsymbol{y}$（$=1$）を使って，5 分後までの y の変化量 $\Delta \boldsymbol{y}$ を計算すると，

$$\Delta \boldsymbol{y} = -0.051[(1.0+0.047)\,\mathbf{1.0} - 0.047]$$
$$= -0.051 \tag{9.65}$$

よって，$t=5$ 分での $\boldsymbol{y}$ の値は $t=0$ 分での $\boldsymbol{y}$ に 0～5 分間の変化量 $\Delta \boldsymbol{y}$ を足して

$$\boldsymbol{y} + \Delta \boldsymbol{y} = \mathbf{1.0} + (-0.051) = \mathbf{0.949} \tag{9.66}$$

同じように，$t=10$ 分での $\boldsymbol{y}$ の値を計算する．$t=5$ 分での $\boldsymbol{y}$（$=0.949$）を使って，5 分後の $t=10$ 分までの $\boldsymbol{y}$ の変化量 $\Delta\boldsymbol{y}$ を計算すると，

$$\begin{aligned}\Delta\boldsymbol{y} &= -0.051[(1.0+0.047)\mathbf{0.949}-0.047]\\ &= -0.048\end{aligned} \tag{9.67}$$

よって，$t=10$ 分での $\boldsymbol{y}$ の値は $t=5$ 分での $\boldsymbol{y}$ に 5〜10 分間の変化量 $\Delta\boldsymbol{y}$ を足して

$$\boldsymbol{y}+\Delta\boldsymbol{y} = \mathbf{0.949}+(-0.048) = \mathbf{0.901} \tag{9.68}$$

もう一つおまけに，$t=15$ 分での $\boldsymbol{y}$ の値を計算しよう．

$$\begin{aligned}\Delta\boldsymbol{y} &= -0.051[(1.0+0.047)\mathbf{0.901}-0.047]\\ &= -0.046\end{aligned} \tag{9.69}$$

よって，$t=15$ 分での $\boldsymbol{y}$ の値は

$$\boldsymbol{y}+\Delta\boldsymbol{y} = \mathbf{0.901}+(-0.046) = \mathbf{0.855} \tag{9.70}$$

電卓をたたいて，慎重に計算を繰り返そう．

20 分　$\boldsymbol{y}+\Delta\boldsymbol{y} = 0.855+(-0.043) = 0.812$　〈0.816〉
25 分　$\boldsymbol{y}+\Delta\boldsymbol{y} = 0.812+(-0.041) = 0.771$　〈0.776〉
30 分　$\boldsymbol{y}+\Delta\boldsymbol{y} = 0.771+(-0.039) = 0.732$　〈0.738〉
35 分　$\boldsymbol{y}+\Delta\boldsymbol{y} = 0.732+(-0.037) = 0.695$　〈0.702〉
40 分　$\boldsymbol{y}+\Delta\boldsymbol{y} = 0.695+(-0.035) = 0.660$　〈0.667〉
45 分　$\boldsymbol{y}+\Delta\boldsymbol{y} = 0.660+(-0.033) = 0.627$　〈0.635〉
50 分　$\boldsymbol{y}+\Delta\boldsymbol{y} = 0.627+(-0.031) = 0.596$　〈0.604〉
55 分　$\boldsymbol{y}+\Delta\boldsymbol{y} = 0.596+(-0.029) = 0.567$　〈0.575〉
60 分　$\boldsymbol{y}+\Delta\boldsymbol{y} = 0.567+(-0.028) = 0.539$　〈0.548〉

ああ，疲れた．こういう繰り返しの計算はコンピュータが得意だ．あっという間に計算してくれる．疲れ知らずだ．〈 〉内の数値は，後述する計算精度の高いルンゲ・クッタ法で数値計算した結果である．

パソコンにルンゲ・クッタ法で解いてもらう

常微分方程式の数値解法に，有名なルンゲ・クッタ（Runge-Kutta）法がある．いまから 120 年も前（1900 年頃）にドイツの数学者 Runge さんと Kutta

さんが考案した．微係数（ここでは，d$\boldsymbol{C}$/dt）を高い精度で計算できるので，いまでも利用されているすばらしい公式である．そこで，パソコンを使ってExcelのルンゲ・クッタ法で解くことにした．

液本体のセシウム濃度 $\boldsymbol{C}$ を計算できたら，せっかくだから，界面での液側のセシウム濃度 $\boldsymbol{C_i}$ と吸着繊維のセシウム吸着量 $\boldsymbol{q}$ の時間変化もパソコンに計算してもらおう．$\boldsymbol{C}$ の値を使って $\boldsymbol{C_i}$ は次式から計算できる．

$$\begin{aligned}\boldsymbol{C_i} &= \frac{\boldsymbol{q}}{q_m K}\\ &= \frac{V}{W}\frac{C_0 - \boldsymbol{C}}{q_m K}\\ &= \frac{V}{W}C_0\frac{1-\boldsymbol{C}/C_0}{q_m K}\\ &= \frac{V}{W}C_0\frac{1-\boldsymbol{y}}{q_m K}\end{aligned} \tag{9.71}$$

$\boldsymbol{C}$ をそうしたように $\boldsymbol{C_i}$ も初期濃度 C_0 で割って比として表すと，

$$\boldsymbol{y_i} = \frac{\boldsymbol{C_i}}{C_0} = \frac{V}{W}\frac{1-\boldsymbol{y}}{q_m K} \tag{9.72}$$

吸着繊維内のセシウム吸着量 $\boldsymbol{q}$ を絶対値ではなく，平衡吸着量 q_e に対する比で表したほうが数値が0〜1の範囲に収まるのでわかりやすい．そこで，吸着平衡に達したときのセシウム濃度 C_e[g-Cs/m^3] に対する吸着繊維のセシウム吸着量 q_e[g-Cs/kg] を求めよう．下付き添え字 e は平衡（equilibrium）の頭文字だ．

$$q_e = \frac{V}{W}(C_0 - C_e) \tag{9.73}$$

$$q_e = q_m K\, C_e \tag{9.74}$$

この q_e と C_e についての連立方程式を解くと，

$$q_e = \frac{V}{W}\left(C_0 - \frac{q_e}{q_m K}\right) \tag{9.75}$$

$$q_e = \frac{V}{W}C_0 \Big/ \left(1 + \frac{V}{W}\frac{1}{q_m K}\right) \tag{9.76}$$

式（9.45）を使って，この q_e に対する $\boldsymbol{q}$ の比をとると，

$$\boldsymbol{q}/q_e = \frac{V}{W}(C_0 - \boldsymbol{C}) \bigg/ \left[\frac{V}{W} C_0 \bigg/ \left(1 + \frac{V}{W}\frac{1}{q_m K}\right)\right]$$

$$= (1 - \boldsymbol{y})\left(1 + \frac{V}{W}\frac{1}{q_m K}\right) \tag{9.77}$$

いよいよ計算結果だ．液/繊維パラメータ V/W は $1\,\mathrm{m^3/kg}$ の場合である．**図 9.5**(a)，(b)，そして(c) に，それぞれ $\boldsymbol{y}(=\boldsymbol{C}/C_0)$，$\boldsymbol{y_i}(=\boldsymbol{C_i}/C_0)$，そして $\boldsymbol{q}/q_e$ の時間変化を示す．

放射性セシウムを含む汚染海水に吸着繊維を浸し始めると，セシウムイオンが液本体から吸着繊維との界面に到達し，やがて吸着繊維に捕捉される．**この吸着を伴う物質移動での液本体や界面でのセシウム濃度，そして吸着繊維のセシウム吸着量の時間変化を定量化できたのだから感激だ．**まるで見てきたように，数字で表現できたのだ．太字はここでお役目終了．

汚染海水と吸着繊維との接触時間が増えていくと，液本体のセシウム濃度 C が減少し，他方，吸着繊維のセシウム吸着量 q はもちろん増加する．同時に，界面での液側のセシウム濃度 C_i が増加していき，吸着の駆動力である（$C - C_i$）が小さくなる．やがてこの差がなくなって吸着が止まる．「なるほど！」となっとくできた．**定性的な話を定量的な話に変換できるのが「会社化学」（化学工学）の醍醐味なのだ．**

ルンゲ・クッタ法による計算で，時間の刻み Δt を 600，300，120 秒と変えても小数点以下 5 桁まで計算結果は一致した．吸着平衡にほぼ達する時間（20 時間程度）を 100 分割した程度の刻みでよいようだ．この物質移動現象では液の濃度の減少が徐々に起きるので，刻みをそれほど小さくする必要はない．しかし，急激な変化を含む現象ではそうはいかない．現代では，複雑な偏微分方程式を広範囲に，長時間，しかも連立して解いている．数値計算の世界は奥が深い．

除染係数 DF と接触時間の関係を**図 9.6** に示す．この図から液繊維比で 1000，すなわち液/繊維パラメータ（V/W，ここで $V[\mathrm{m^3}]$ と $W[\mathrm{kg}]$）が 1 のとき，吸着繊維 16 万 kg（160 トン）を汚染海水 16 万 $\mathrm{m^3}$（16 万トン）に浸して撹拌すると，浸す時間（接触時間）15 時間ほどで平衡到達時の除染係数 22

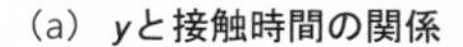

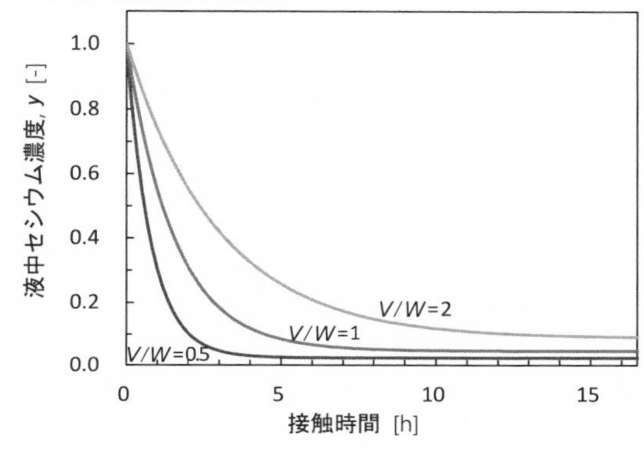

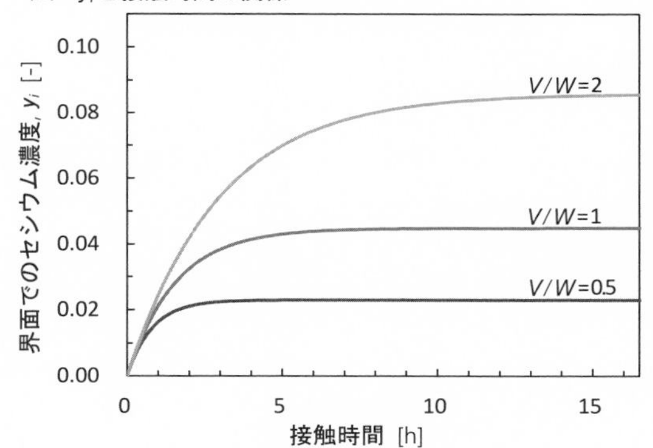

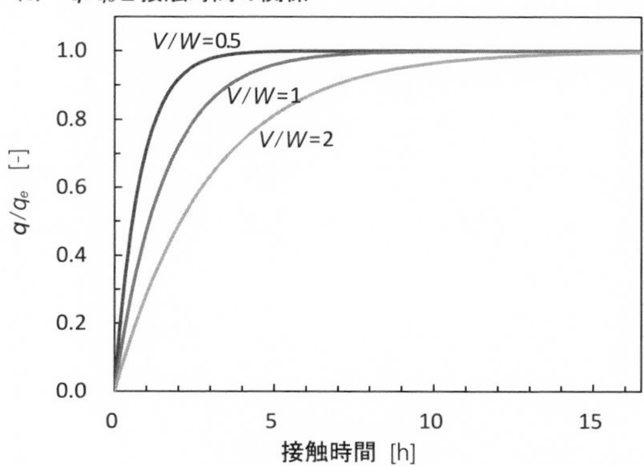

図 9.5　$\boldsymbol{y}(=\boldsymbol{C}/C_0)$，$\boldsymbol{y_i}(=\boldsymbol{C_i}/C_0)$，そして $\boldsymbol{q}/q_e$ の時間変化

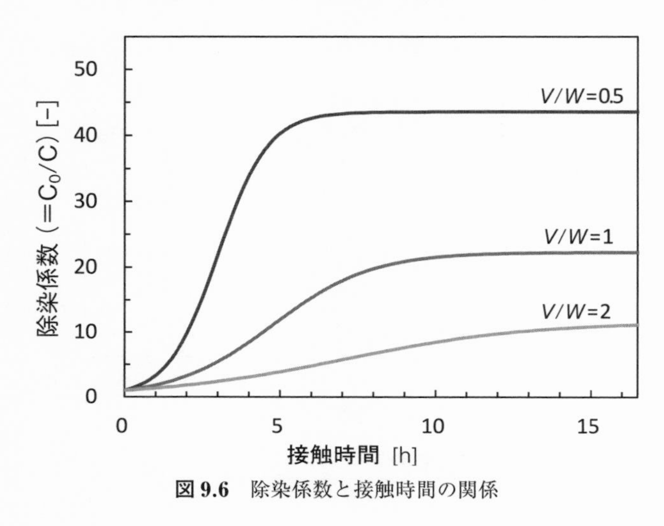

図 9.6　除染係数と接触時間の関係

に達する．言い換えると，初濃度の放射性セシウム濃度は非放射性セシウム濃度とともに 1/22 に減る．液繊維比 2000（液/繊維パラメータで 2）なら，接触時間 15 時間で除染係数 11 を超える．液繊維比が大きくなると，繊維の投入量が減るから，除染にかかる時間が増えて，除染の程度が減るのは当然である．

いまさらながら，式（9.58）で与えた物質移動容量係数 k_a の数値の求め方を説明する．まず，k_a の値を変化させて，常微分方程式（9.53）をルンゲ・クッタ法で解いて時間変化の曲線を数本作成した．次に，回分法に従って実施した吸着速度の測定データ（**図 9.7**）に合う k_a を探した．この操作はカーブフィッティング（curve fitting）と呼ばれている．

ポリ容器に 1 L の海水を入れ，さらに 1 g の吸着繊維を投入してシェーカーを使ってポリ容器をゆっくり揺らした．所定時間ごとに海水を採取してセシウムを定量した．すると，液繊維比 1000（$V/W=1$）でのセシウムの減衰曲線が得られる．これが回分法である．

減衰曲線が計算した曲線にうまく合わないときには，再度 k_a の値を変化させて曲線を作成して合わせていく．その結果，物質移動容量係数 k_a は 1.7×10^{-4} m^3/(kg s) となった．もちろん **k_a は液の流動状態によって支配されるパラメータであるから，ビーカーで得た数値を閉鎖海域へそのまま適用するのは**

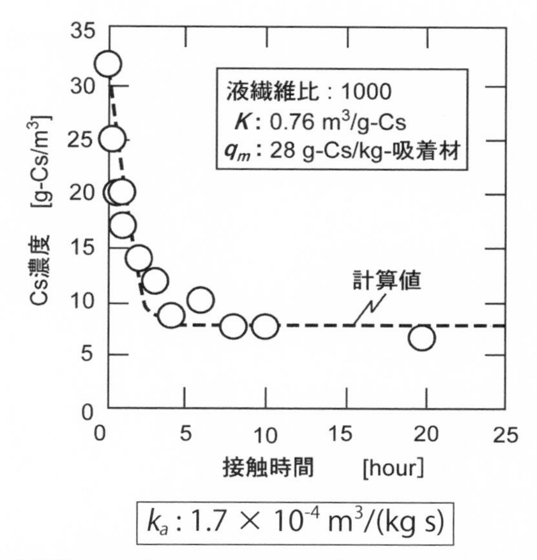

図 9.7　実験室の吸着速度データへのカーブフィッティング（k_a の決定）

問題であるが，逆にいうと，それを実現できるように海水を動かせばよい．

汚染海水に直接投入し，所定の接触時間経過後に簡単に取り出して回収できる点が吸着繊維の利点である．取水路前の汚染海水に組み紐を多数個並べ，浸漬してセシウム除去を実施できる．回収した吸着繊維からセシウムを適当な液を使って定量的に溶出させ，吸着繊維を再利用することも案としてはある．しかし，放射能が高まった液の保管は望ましくないので，一度投入，回収した吸着繊維は，セシウムを溶出させることはせずに，焼却によって容積を減らして（専門用語で，減容して）保管するというのが最終案になっている．

この吸着繊維はナイロンに無機化合物を担持した高分子材料であり，高分子部分を焼却できるので減容に都合がよい．吸着繊維には捕捉する必要のなかった非放射性セシウムと捕捉必須の放射性セシウムが，不溶性フェロシアン化コバルトのジャングルジム型結晶構造の中に取り込まれている．「なんと無駄なことだ！」と思うが，原子核の中性子の数の違いしかないので，それを識別して放射性セシウムだけを取り込む仕組みは不溶性フェロシアン化コバルトにはない．

第10章 「会社化学」に必須の「会社数学」

$$会社化学 \fallingdotseq 化学工学 = 化学 + [(数学) + (物理) + (生物)]/3 \quad (10.1)$$

ここでの数学はこれまでに学習してきた方式や記号とは少し変わってくる．そこで,「会社数学」をまとめておく．

座標と関数

平面座標（x, y）を中学校で習った．高校になると極座標（r, θ）が追加された．大学では空間座標や直交座標を習った．このあたりで座標は自分で勝手に設定してよいのだと気づいた．**座標は与えられるものではなく，現象の場面や装置の形状に合わせてつくるものなのだ！**

直角座標，円柱座標，そして球座標をこの本では採用する（**図 10.1**）．装置の長さ方向での濃度や温度の分布を考えるには z 方向が自然だ．ここは，x 方向でも y 方向でもよいのだけれども，z 方向とするのが通例．管型や円柱形の反応器や容器で，半径方向に濃度，温度，速度の分布を考えるなら，円柱座標が都合がよい．球状の担持触媒や吸着材を解析するなら球座標を使う．円柱や球にわざわざ直角座標を採用するのは，へそ曲がりだ．

$$直角座標 \ (x, y, z) \quad (10.2)$$

$$円柱座標 \ (r, \theta, z) \quad (10.3)$$

$$球座標 \ (r, \theta, \phi) \quad (10.4)$$

球座標の θ と ϕ の読み方は，それぞれシータとファイである．ただし，θ 方向や ϕ 方向での分布を考えることは，ほとんどないので心配無用．

球座標の収支式を直角座標の収支式に変えてしまう「変数変換」という魔法の手法がある．発明者に感心してしまう．調子に乗って，円柱座標でも直角座

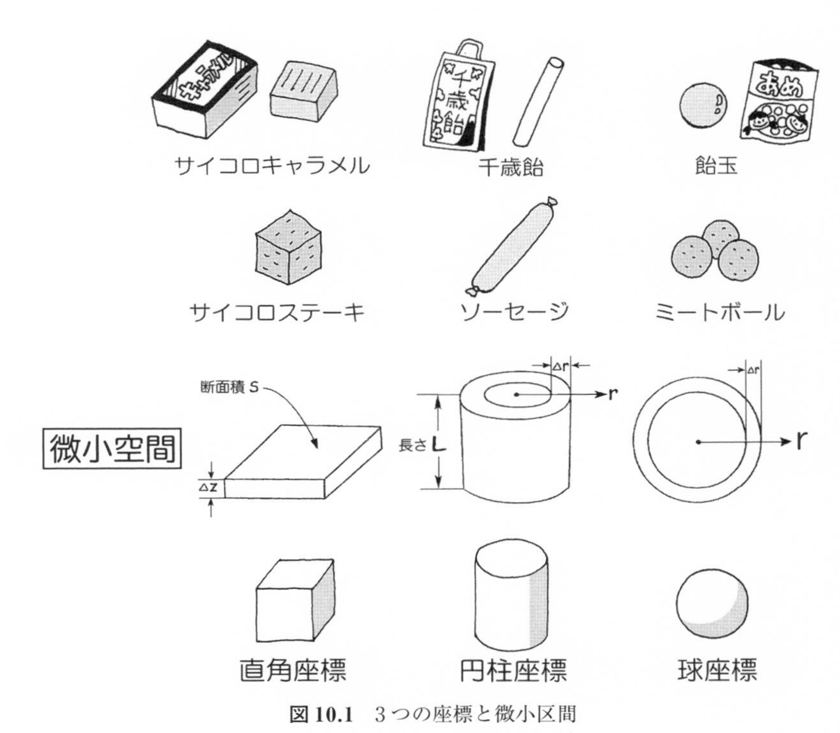

図 10.1 3つの座標と微小区間

標に変換しようと私はしたが，未完である．

中学校での $y=f(x)$ から関数が始まった．読み方は「y は x の関数（function）である」だった．図では，縦軸に y，横軸に x をとる．これが常識だった．大学に入ると，$F=f(x, y)$ と2変数になった．いずれにせよ，抽象的な数学の世界の話だったので，ピンとこないままだった．

これに対して，この本で登場する関数の形は，濃度，温度，そして速度が場に分布するわけなので，直角座標を採用した場合は次のとおり．

$$濃度\ C_A = f(t, x, y, z) \tag{10.5}$$

$$温度\ T = f(t, x, y, z) \tag{10.6}$$

$$速度\ v_x = f(t, x, y, z) \tag{10.7}$$

読み方は，例えば「濃度 C_A は，時間 t と位置（x, y, z）の関数である」あるいは「濃度 C_A は，装置の運転開始からの時間と装置の入口からの位置で決まる

図 10.2　地球規模での気温

値である」.

　ある地表位置での気温を式で表すと,

$$気温 = f(t, r, \theta, \phi) \tag{10.8}$$

ここで,

　t：　時刻

　r：　標高＋地球の半径

　θ：　緯度

　ϕ：　経度

ここでは，地球を球座標に設置したときの少々大袈裟な気温の表現である．気温は時間座標 t と空間座標で決まるから,「時空」で決まっている．逆にいうと，この座標の設置によって，いつでも，どんな場所の気温でも区別して決めることができるのだ（**図 10.2**）.

　京都市街の気温なら，平地なので z 座標は不要.

$$気温 = f(時刻,\ 寺町通大池上る,\ 上本能寺前) \tag{10.9}$$

と表せる．こうなると，がぜん，関数が身近になってくる.

スカラーとベクトル

　文字の上に矢印のついた数学記号ベクトルを高校で習った．ベクトルとは大きさと方向をもつ量であると教わって，度肝を抜かれた気がする.「なんじゃ

図 10.3　9つのスカラーを従えるテンソル帝国

それ？」方向とはいっても，ベクトルは平面座標に貼りついていた．

$$\vec{a} = (a_1, a_2) \tag{10.10}$$

大学に入ると「ベクトル解析」という科目に出会った．すると，ベクトルは3次元（空間座標）になっていた．文字の上の矢印が取れて，文字は太字に変わった．

$$\boldsymbol{a} = (a_1, a_2, a_3) \tag{10.11}$$

親近感は相変わらずもてなかった．

「化学工学」で「マヒモ」流束を習ったとたんに，イメージがついて，ベクトルが活き活きとしてくる．

質量流束　$\boldsymbol{N}_A$　(10.12)

熱流束　$\boldsymbol{H}$　(10.13)

x 方向運動量流束　$\boldsymbol{M}_x$　(10.14)

スカラー量である濃度がベクトル量である速度 $\boldsymbol{v}=(v_x, v_y, v_z)$ に乗って運ばれるとなると，速度 $\boldsymbol{v}$ が大きさと方向をもっているから，濃度を掛け算したドヤドヤ流束 $C_A\boldsymbol{v}$ はベクトル量になる．

$$C_A\boldsymbol{v} = (C_Av_x, C_Av_y, C_Av_z) \tag{10.15}$$

熱のドヤドヤ流束も同様である．熱濃度 ρC_pT [J/m^3] に速度 $\boldsymbol{v}$ を掛けて，

$$\rho C_pT\boldsymbol{v} = (\rho C_pTv_x, \rho C_pTv_y, \rho C_pTv_z) \tag{10.16}$$

さらに，速度 $\boldsymbol{v}$ が速度 $\boldsymbol{v}$ に乗って運ばれるとなると，ややこしくなって，テンソルになる．テンソルの成分は9個のスカラーである（**図 10.3**）．2文字連

続の下付き添え字が登場する．C_{Az} というのも 2 文字連続の下付き添え字のように見えるが，1 文字目の A は成分名である．一方，テンソル成分での下付き添え字の 2 文字は x, y, z の組み合わせである．

ベクトル（vector）= 3 つのスカラーが成分 ➡ 1 文字下付き添え字　(10.17)

テンソル（tensor）= 9 つのスカラーが成分 ➡ 2 文字連続下付き添え字　(10.18)

微分の定義，常微分と偏微分

微分の定義式は次のとおり．

$$f'(z) = \lim_{\Delta z \to 0} \frac{f(z+\Delta z) - f(z)}{\Delta z} \tag{10.19}$$

で，Δz を無限小にする（**図 10.4**）．

温度 T が z 方向に分布しているとき，その微分の原型を

$$\frac{T(z+\Delta z) - T(z)}{\Delta z} \tag{10.20}$$

といちいち書くのもたいへんなので，

$$\frac{T|_{z+\Delta z} - T|_z}{\Delta z} \tag{10.21}$$

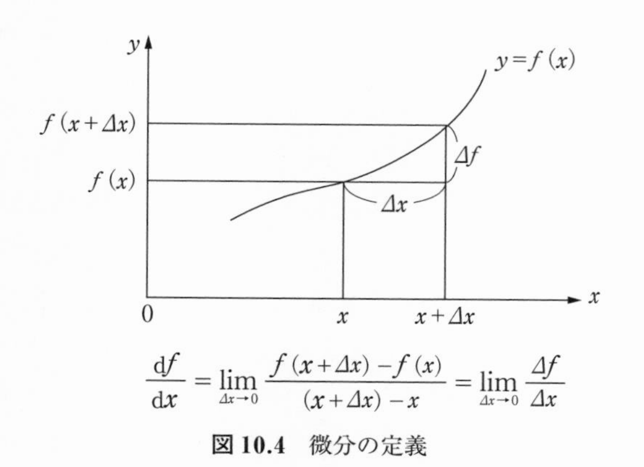

$$\frac{\mathrm{d}f}{\mathrm{d}x} = \lim_{\Delta x \to 0} \frac{f(x+\Delta x) - f(x)}{(x+\Delta x) - x} = \lim_{\Delta x \to 0} \frac{\Delta f}{\Delta x}$$

図 10.4　微分の定義

図 10.5 偏微分への偏見をなくそう！ 集会

というように，括弧 (z) の代わりに，縦棒 $|_z$ を使う．本書ではこの縦棒表記を採用する．この表記は私のバイブルである“*Transport Phenomena*”（R.B. Bird, W.E. Stewart, E.N. Lightfoot, 1960, John Wiley & Sons）に倣った．高校数学から脱却できる．しかも，見慣れてくると，すっきりしていて，縦棒 | を私は気に入っている．

材料内，装置内，あるいは地域内といった場の内部で，濃度 C_A，温度 T，そして速度 v_x の値は時間座標 と空間座標で決まる．C_A，T，そして v_x が時間が経つと変化し，空間に分布をもつのが基本．しかし，まともに解析に取り組むと複雑すぎるので，定常の仮定を置いたり，分布を一方向だけに限ったりする．定常状態なら時間座標 t は消える．逆に，C_A，T，そして v_x が空間に一様なら時間座標 t だけが残る．

こうした**場の時空の意識を忘れないように，この本では原則として常微分記号 d を使わずに，偏微分記号 ∂ をあえて使う．これは間違いではない．**偏微分や偏微分記号 ∂ を「変なのー」という「偏」見を止めよう（**図 10.5**）！ 偏微分こそ普通なのだ！

第10章

微分コンシャスと微分方程式

収支式では，初めから微分記号は出てこない．マ，ヘ，モの流束を●と表すと，収支式では●$|_z$と●$|_{z+\Delta z}$，そしてΔzがバラバラに登場する．「入溜消出」の4項でいうと，●$|_z$が㊀入に，●$|_{z+\Delta z}$が㊀出に現れる（たまに逆のこともある）．そして，㊀溜または㊀消にΔzが含まれる．そこで，微分コンシャス（微分コン）する，すなわち，微分の定義式を意識する（conscious）と，変形して微分方程式をつくれる．

一昔前，「ボディコン」というのがあった．体型を意識して活動することであった．体（ボディ）を意識する（conscious）と，体型が整うようになる．「微分コン」すると，微分方程式をつくれる（**図 10.6**）．

高校のときに，「数学 III」という科目があって，その最後のほうに微分方程式が出てきた．高校数学の最高峰のように思えた．変数分離という不思議な手

図 10.6　微分コンテストに出場して微分コンシャスを叫ぶ

法で解いた．よくわからないから面白くなかった．忘れたほうがよい．

大学に入って「微分方程式」をたくさん解かされた．さまざまな形に応じた解法を覚えた．必修単位を揃えるために勉強したけれども，ここでもちっとも面白くなかった．問題のための問題だった．工学部に入学したのだから，役に立つ数学を，工学部の先生が教えるべきである．理学部の数学科の先生に任せてはならないと，いまさら不満を言ってももう遅い．

この本に登場する「会社化学」での「三大」微分方程式をまとめよう．ここで，■に入る物理量は，「マヒモ」の代表値である濃度，温度，速度だ．

［1］ $\dfrac{\partial ■}{\partial z} = -k■$ または $\dfrac{\partial ■}{\partial t} = -k■$ (10.22)

ただし，k は正の数とする．

［2］ $\dfrac{\partial^2 ■}{\partial z^2} = k^2■$ (10.23)

［3］ $\dfrac{\partial ■}{\partial t} = k\dfrac{\partial^2 ■}{\partial z^2}$ (10.24)

［1］～［3］に登場する k はそれぞれ異なる定数である．

［1］は1階の微分方程式である．［2］は2階の微分方程式，そして［3］は放物線型偏微分方程式である．「1階」「2階」と建物のようなネーミングである．1階をもう1回，微分すると2階になる．3式とも偏微分記号 ∂ を使っているが，普通の数学の本では［1］と［2］の ∂ は d と表記されるだろう．変数が1つなら常微分方程式と普通は呼ぶ．時空の4つの変数（t, x, y, z）の中から1つだけが残っているので，それを忘れないように，∂ のままにしてある．

［3］は時間 t について1階，空間座標 z について2階の放物線型偏微分方程式と呼ぶ．放物線型があるくらいだから，「楕円型」と「双曲線型」偏微分方程式もあるけれども，「会社化学」には登場しない．

［1］と［2］はすぐに解に辿り着く．まず，［1］の解，

［1］ $\dfrac{\partial ■}{\partial z} = -k■$ または $\dfrac{\partial ■}{\partial t} = -k■$ (10.25)

左辺で関数■を z または t について微分したのに，右辺には関数■に $-k$ が掛かってくるだけだ．そんな関数はめったにない． 関数が二次式なら1回微分す

ると，次数は1つ減って一次式になる．次数は転がり落ちるだけでもとには戻れない．三角関数 sin や cos なら，1回微分すると，それぞれ cos や − sin と似たものになるがそのままではない．そこで，指数関数ならいいんじゃないのと思いつく．

関数■ $=e^z$ なら1回微分すると e^z で■だ．しかし，残念．マイナスがつかない．それなら，■ $=e^{-z}$ でしょう．微分すると，$-e^{-z}$ だ．もう一歩 k が….

それじゃ，■ $=e^{-kz}$ でしょう．微分すると，$-ke^{-kz}$ だから $-k$ ■になる．よっしゃー．

［1］の解は，■ $=e^{-kz}$ または e^{-kt} (10.26)

ちょっと待った．関数に定数が掛かっていてもよいから，正解は

■ $=Ae^{-kz}$ または Ae^{-kt} (10.27)

この調子で，次の微分方程式［2］の解を探せる．**左辺で関数■を z について2回も微分したのに，右辺にはその関数■に定数 k^2 が掛かってくるだけだ．そんな関数はめったにない．** 関数が二次式なら2回微分すると，次数は2つ減ってゼロ次式（定数）になる．三角関数と指数関数で z について2回微分してみよう．

まず，三角関数

$\sin z$ ➡ $\cos z$ ➡ $-\sin z$ (10.28)

$\cos z$ ➡ $-\sin z$ ➡ $-\cos z$ (10.29)

惜しい！ 微分方程式が ∂^2 ■$/z^2=-$■なら，その解である．それなら工夫を加えて

$\sin kz$ ➡ $k\cos kz$ ➡ $-k^2\sin kz$ (10.30)

$\cos kz$ ➡ $-k\sin kz$ ➡ $-k^2\cos kz$ (10.31)

ダメだ．∂^2 ■$/z^2=-k^2$ ■の解だけれど，∂^2 ■$/z^2=k^2$ ■の解ではない．シュン．めげることなく，今度は**指数関数**.

e^z ➡ e^z ➡ e^z (10.32)

e^{-z} ➡ $-e^{-z}$ ➡ e^{-z} (10.33)

2回も微分しても形を変えないなんて，関数界のタフガイだ（**図 10.7**）．こりゃ ∂^2 ■$/z^2=$■の解だよ．残るは係数 k^2 の処理のみ．

e^{kz} ➡ $k\,e^{kz}$ ➡ $k^2\,e^{kz}$ (10.34)

図 10.7　関数界のタフガイ，その名は指数関数

$$e^{-kz} \quad \Rightarrow \quad -k\,e^{-kz} \quad \Rightarrow \quad k^2\,e^{-kz} \tag{10.35}$$

∂^2 ■$/z^2 = k^2$ ■の解がみつかった．でも解が2つあってはいけない．1つだ．だったら，足せばよい．

［2］の解は，■$= A\,e^{kz} + B\,e^{-kz}$　(10.36)

最終確認しておく．

$$\frac{\partial■}{\partial z} = A\,k\,e^{kz} + B(-k)e^{-kz} \tag{10.37}$$

$$\begin{aligned}\frac{\partial^2■}{\partial z^2} &= A\,k^2\,e^{kz} + B(-k)^2\,e^{-kz} \\ &= k^2(A\,e^{kz} + B\,e^{-kz}) \\ &= k^2\,■\end{aligned} \tag{10.38}$$

確かに微分方程式を満足している．OK 牧場の微分方程式の解だ！

大事な脱線をしよう．［2］の左辺の距離 z を時間 t にして，右辺にマイナスをつけると，

$$\frac{\partial^2■}{\partial t^2} = -k^2\,■ \tag{10.39}$$

■を位置 x にすると，バネの式になる．だから振動する sin，cos が解になってよい．

$$■ = A\sin kt + B\cos kt \tag{10.40}$$

微分方程式を満足していることを確認しよう．

$$\frac{\partial■}{\partial t} = A\,k\cos kt - B\,k\sin kt \tag{10.41}$$

$$\frac{\partial^2 \blacksquare}{\partial t^2} = -A\ k^2 \sin kt - B\ \mathrm{k}^2 \cos kt$$
$$= -k^2(A \sin kt + B \cos kt)$$
$$= -k^2 \blacksquare \qquad (10.42)$$

微分方程式が身の回りの現象を表現できるとわかると，うれしい！ しかも直感的に解がみつかるからさらに面白い．そうはいうものの，さすがに［3］の解はすぐには探せない．ラプラス変換法という方法で紙と鉛筆で解ける．

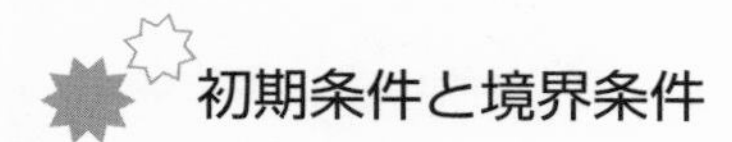

初期条件と境界条件

初めて聞いたときには初期条件も境界条件も区別がつかなかった．収支式で微分方程式をつくるときに，蓄積項をゼロとする，言い換えると「定常状態」の解析なら，時間に関係がないので，時間の条件を述べる初期条件は不要．その場合には空間の条件を述べる境界条件が必要．

前節の三大微分方程式を例に挙げると，

［1］ $\dfrac{\partial \blacksquare}{\partial z} = -k \blacksquare$　または　$\dfrac{\partial \blacksquare}{\partial t} = -k \blacksquare$　(10.43)

ただし，k は正の数とする．

［2］ $\dfrac{\partial^2 \blacksquare}{\partial z^2} = k^2 \blacksquare$　(10.44)

［3］ $\dfrac{\partial \blacksquare}{\partial t} = k \dfrac{\partial^2 \blacksquare}{\partial z^2}$　(10.45)

［1］の1番目なら z についての1階の微分方程式なので，境界条件が1つ必要．2番目なら t についての1階の微分方程式なので，初期条件が1つ必要．

［2］なら，z についての2階の微分方程式なので，境界条件が2つ必要．

［3］なら，左辺が t についての1階，右辺が z についての2階の微分方程式なので，初期条件が1つ，境界条件が2つ必要．

微分方程式を解く大原則を理解しよう．関数の微分形を積分すると，もとの関数に戻るのだけれども，そのときに積分定数 C が生じる．

$$\int F'(z)\ \mathrm{d}z = F(z) + C \tag{10.46}$$

2階の微分形のときには2回積分するともとの関数に戻るはずだ．その過程で積分定数が2つ生じる．

$$\iint F''(z)\ \mathrm{d}z\ \mathrm{d}z = F(z) + C_1 + C_2 \tag{10.47}$$

積分定数を決定しないと，解けたことにならないから，**積分定数を決めるのに初期条件や境界条件が必要だ．解の形を左右するという点では，収支式と同じくらい初期条件と境界条件は大切である．**

数値計算

微分方程式の解法を分類しておこう．解析的解法と数値解法の2つに大別できる．まず，解析的解法には，変数分離法，変数変換法，そして演算子法がある．数値解法には，有限差分法，有限要素法，そして境界要素法がある…というのは1980年代の話．あれからコンピュータが日進月歩の勢いで発展してきたから，それに付き添って数値解法も格段に進歩しているだろう．いや，数値解法の要求に迫られてコンピュータ側が進歩したのかもしれない．

私は大学院生のときに，1年間，自分の研究テーマに関連する偏微分方程式を解くために，有限差分法や有限要素法を学び，プログラミングもして，カードにパンチ穴を開け，カードを束にして専用カバンに入れて，早朝から大型計算機センターに通った．しかし，大型プリンターから打ち出されるエラーメッセージに襲われて，苦悩した．1年して「自分は理論でやっていくのは無理だ．理論ではなく，実験に生きよう」と決心した．したがって，そこから私の数値計算は一歩も進んでいない．

ルンゲ・クッタ法という常微分方程式の数値解法だけはよく覚えている．名が面白いからである．ラーメンの汁を「レンゲ」ですすったときに，毎回，「レンゲで喰った」と心の中で発しているからである（**図10.8**）．

図 10.8　ルンゲ・クッタ法は忘れない

積　　分

高校で習った「短冊集め」のイメージが役立つ（**図 10.9**）．総量を出して，平均値を出すのに積分を使う．管の長さ方向に分布している濃度 C_A[kg-A/m^3] に管の断面積 S[m^2] と微小区間 Δz[m] を掛け算すると，

$$\text{微小空間内の成分 } A \text{ の量} = C_A\, S\, \Delta z \ [\text{kg-}A] \tag{10.48}$$

これは微小空間の成分 A の質量である．これを領域全体で集めるのが積分だ．

$$\sum \ C_A\, S\, \Delta z \tag{10.49}$$

ここで，Δz を dz にすると，Σのままというわけにもいかずに積分記号になって，

$$\text{全量 } [\text{kg-}A] = \int C_A\, S\, \mathrm{d}z \tag{10.50}$$

これは領域全体の成分 A の全量にあたる．これを体積で割ると，平均濃度になる．体積も積分で表せる．

$$\text{平均濃度 } [\text{kg-}A/\text{m}^3] = \frac{\int C_A\, S \mathrm{d}z}{\int S\, \mathrm{d}z} \tag{10.51}$$

分母の積分は分子の濃度が抜けた積分である．

微分と積分は，つまるところ，次の記号変換である．

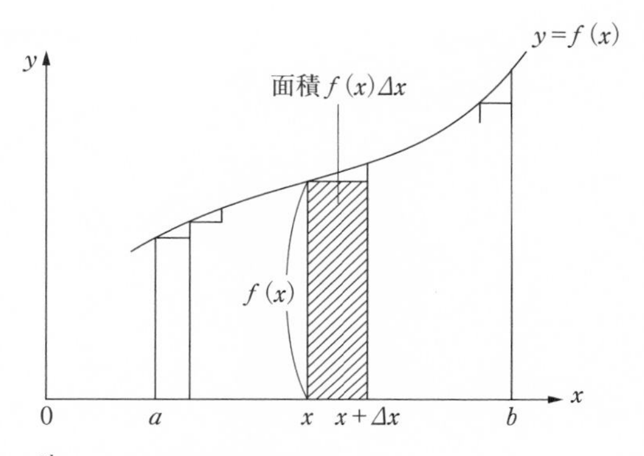

$$\int_a^b f(x)\,\mathrm{d}x = \sum \text{短冊の面積}$$
$$= f(x)\Delta x \text{ を } x=a \text{ から } b \text{ まで集める}$$

図 10.9　積分の定義

$$\frac{\bullet|_{z+\Delta z} - \bullet|_{z}}{\Delta z} \;\Rightarrow\; \frac{\partial \bullet}{\partial z} \tag{10.52}$$

$$\sum \bullet \Delta z \;\Rightarrow\; \int \bullet\,\mathrm{d}z \tag{10.53}$$

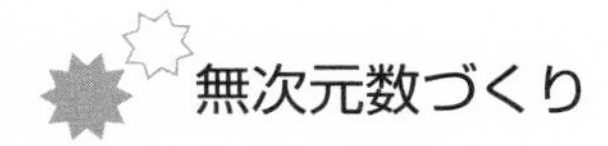

無次元数づくり

一番単純な無次元数は「寸法比（aspect ratio）」である．はがきのサイズ（横100 mm，縦 148 mm）や A4 用紙のサイズ（横 210 mm，縦 297 mm）はバランスがとれている（**図 10.10**）．小さい頃から見慣れているせいもある．

流束の定義式からつくる無次元数と「マヒモ」収支式の間でつくる無次元数がある．（ドヤドヤ流束）/（ジワジワ流束）で 3 つ，ジワジワ流束のマヒモ間で 3 つつくれる．

$$\text{マ：}\quad (\text{ドヤドヤ質量流束})/(\text{ジワジワ質量流束}) = \frac{C_A v_z}{-D_A \dfrac{\partial C_A}{\partial z}} \tag{10.54}$$

C_A，v_z，z に，それぞれ代表濃度 C_R，代表速度 U，代表長さ L を代入すると，

$$\Rightarrow\; \frac{C_R U}{D_A \dfrac{C_R}{L}} = \frac{UL}{D_A} \tag{10.55}$$

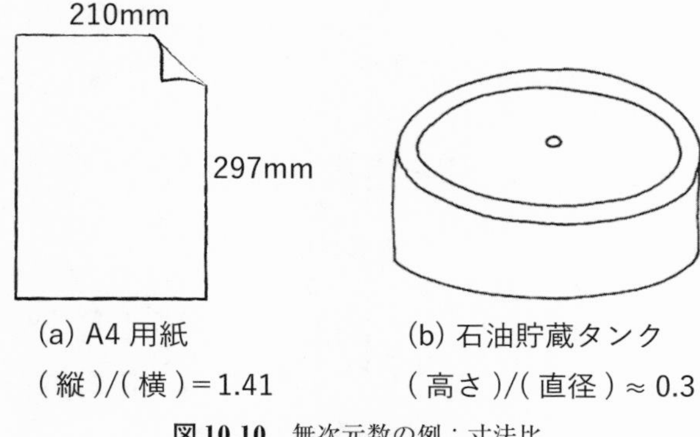

図 10.10　無次元数の例：寸法比

この無次元数は物質移動のペクレ数（$\mathrm{Pe_M}$ 数）と命名されている．同様に，

$$\text{ヒ：}\quad (\text{ドヤドヤ熱流束})/(\text{ジワジワ熱流束}) = \frac{\rho C_p T v_z}{-k\dfrac{\partial T}{\partial z}} \tag{10.56}$$

T に代表温度 T_R を代入すると，

$$\Rightarrow\quad \frac{\rho C_p T_R U}{k\dfrac{T_R}{L}} = \frac{\rho C_p UL}{k} \tag{10.57}$$

マの分子が UL であることに倣って，変形しておく．

$$= \frac{UL}{k/(\rho C_p)} = \frac{UL}{\alpha} \tag{10.58}$$

この無次元数も，ペクレ数（Pe 数）と命名されている．

マ，ヒときたので，モでも

$$\text{モ：}\quad (\text{ドヤドヤ運動量流束})/(\text{ジワジワ運動量流束}) = \frac{\rho v_x v_z}{-\mu\dfrac{\partial v_x}{\partial z}} \tag{10.59}$$

$$\Rightarrow\quad \frac{\rho UU}{\mu\dfrac{U}{L}} = \frac{\rho UL}{\mu} \tag{10.60}$$

マとヒの分子が UL だから，倣って

$$= \frac{UL}{\mu/\rho} = \frac{UL}{\nu} \tag{10.61}$$

これまた命名されていて，レイノルズ数（Re 数）という．最も有名な無次元数だ．なお，円管内流動では $L \to \mathrm{d}$（直径）とする．

3つの無次元数とも，分子は UL で，［m/s］と［m］の掛け算で，次元は $\mathrm{m^2/s}$ だ．無次元数なのだから，分母の次元も分子の次元と同一で $\mathrm{m^2/s}$ である．分母の（$\alpha = k/\rho C_p$）と（$\nu = \mu/\rho$）の単位が $\mathrm{m^2/s}$ であることは明白．拡散係数 D_A と同じ次元である．そこで，α と ν には「拡散係数」の名が入っている．

$$\frac{k}{\rho C_p} : \alpha \quad \text{熱拡散係数} \tag{10.62}$$

$$\frac{\mu}{\rho} : \nu \quad \text{運動量拡散係数，またの名を動粘度} \tag{10.63}$$

そうなると，**D_A，α，ν ともに「拡散係数一族」で単位が同じだから，それらの間で比をとると無次元数をつくれる**．どっちを分母にするかを選んだのが誰だかは知らない．

$$(\text{熱拡散係数})/(\text{拡散係数}) = \frac{\nu}{D_A} \quad \text{ルイス数（Le 数）} \tag{10.64}$$

$$(\text{運動量拡散係数})/(\text{拡散係数}) = \frac{\alpha}{D_A} \quad \text{シュミット数（Sc 数）} \tag{10.65}$$

$$(\text{運動量拡散係数})/(\text{熱拡散係数}) = \frac{\alpha}{\nu} \quad \text{プラントル数（Pr 数）} \tag{10.66}$$

無次元数には必ず意味がある．マヒモが同時に起きているときに，それぞれのジワジワの物性値を比較しているのが無次元数である．無次元数が6つ登場したけれども，末永く覚えておくべき，いや自作すべき無次元数はレイノルズ数だけだ．残りは一旦，忘れてよい．

第11章

おまけ
「会社化学」で役立つ逆解析

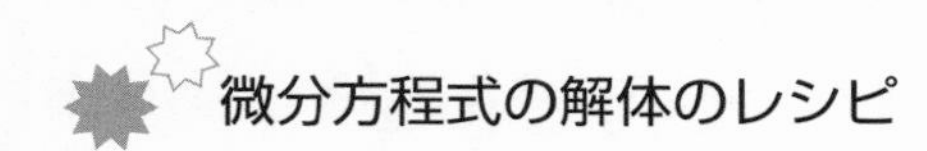

微分方程式の解体のレシピ

この本では，これまで，流束，収支，そしてアナロジーといった「会社化学」の基本を学んで，式を立ててきた．論文や便覧を調べていくと，いきなり「微分方程式」が現れて「なんじゃこの式は？」と困ることがある．しかし，所詮，先人が立てた式であるから，めちゃくちゃ難しい内容ではないだろう．

そこには図が描いてあって（描いてないときもある），式中の記号の説明がある．しかし，通常は，式の導出は載っていない．教科書ではないからだ．いや，教科書でも書いていないことさえある．

そこで，式を逆に辿って，「入溜消出」と「お小遣いの５万円どうなった？」まで戻ろう．そうすれば，式が活き活きしてくる．モデリングの仮定もわかる．式から現象を描き出し，それをモデリングしたときの仮定を書き出すのだ！

この逆解析の手順をまとめておこう．「微分方程式の解体のレシピ」である．

(1) **微分表示を縦棒表示（|）に変える．**

例えば， $\dfrac{\mathrm{d}●}{\mathrm{d}z} \;\Rightarrow\; \dfrac{●|_{z+\Delta z}-●|_{z}}{\Delta z}$．

(2) **全項に微小区間 Δz や微小時間 Δt を掛けて，分母からなくす．**

(3) **各項を「入溜消出」に分類する．**

(4) **「お小遣いの５万円どうなった？」の順番に並べ直す．**

(1) と (2) の手順は，「逆」微分コンシャスといえる．なお，逆解析には初期条件や境界条件は関係しない．

具体例で学ばないと，この時点ではさっぱりわからないだろう．この後，３つの問題を解き終わったら，このレシピをもう一度読んでほしい．そうすれば，わかってもらえる．こんな親切な試みは世の中にない！

逆「微分コンシャス」

逆解析の問題 その 1　管型反応器の混合拡散

次式は，どんな現象を，どんな仮定のもとで定式化したのか？ **図 11.1** を参考にしなさい．

$$E_z \frac{\mathrm{d}^2 C_A}{\mathrm{d}z^2} - u \frac{\mathrm{d}C_A}{\mathrm{d}z} - k_1 C_A = 0 \qquad (11.1)$$

記号と単位の説明は以下のとおり．

E_z　混合拡散係数［$\mathrm{m^2/s}$］
C_A　成分 A の濃度［$\mathrm{kg/m^3}$］
z　反応管の軸方向の距離［m］
u　線速度［m/s］

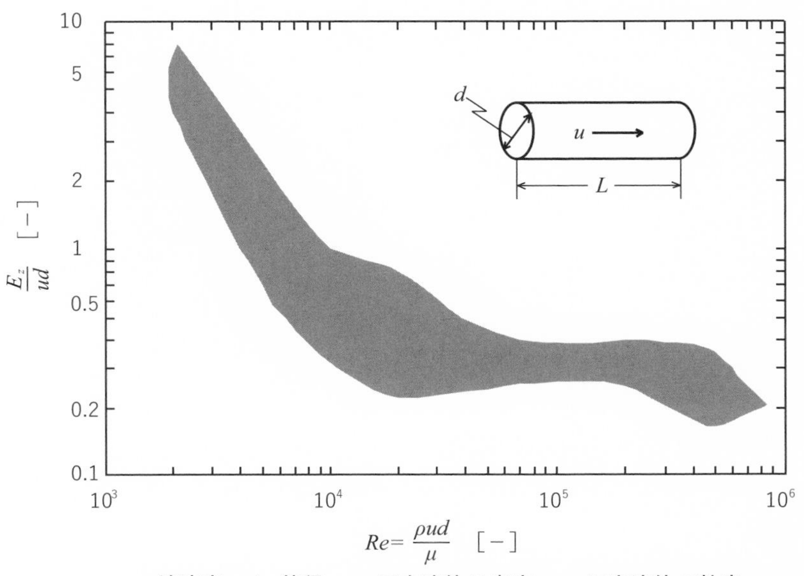

図 11.1　管型反応器の混合拡散係数（O. Levenspiel, Industrial Engineering Chemistry, **50**, 343, 1958）

k_1 一次反応速度定数［1/s］
式（11.1）の各項の単位を点検したところ，全項とも［kg/(m³ s)］でした．OK だ．

何よりもまず，2 つある微分表示を縦棒表示に変更する．

$$E_z \frac{\mathrm{d}^2 C_A}{\mathrm{d}z^2} \;\Rightarrow\; \frac{E_z \left(\left.\frac{\mathrm{d}C_A}{\mathrm{d}z}\right|_{z+\Delta z} - \left.\frac{\mathrm{d}C_A}{\mathrm{d}z}\right|_{z} \right)}{\Delta z} \tag{11.2}$$

$$u \frac{\mathrm{d}C_A}{\mathrm{d}z} \;\Rightarrow\; u \frac{C_A|_{z+\Delta z} - C_A|_z}{\Delta z} \tag{11.3}$$

これを式（11.1）に戻すと，

$$\frac{E_z \left(\left.\frac{\mathrm{d}C_A}{\mathrm{d}z}\right|_{z+\Delta z} - \left.\frac{\mathrm{d}C_A}{\mathrm{d}z}\right|_{z} \right)}{\Delta z} - u \frac{C_A|_{z+\Delta z} - C_A|_z}{\Delta z} - k_1 C_A = 0 \tag{11.4}$$

全項に Δz を掛けて分母からなくす．縦棒の位置に沿って整理すると，

$$\left. \left(E_z \frac{\mathrm{d}C_A}{\mathrm{d}z} - uC_A \right) \right|_{z+\Delta z} - \left. \left(E_z \frac{\mathrm{d}C_A}{\mathrm{d}z} - uC_A \right) \right|_{z} - \Delta z\, k_1 C_A = 0 \tag{11.5}$$

uC_A にマイナスの符号がつくのは物理的に意味がない．一方，$E_z\mathrm{d}C_A/\mathrm{d}z$ にマイナスの符号がつくのはフィックの法則に似ていてよい．そこで，一工夫．

$$-\left. \left(-E_z \frac{\mathrm{d}C_A}{\mathrm{d}z} + uC_A \right) \right|_{z+\Delta z} + \left. \left(-E_z \frac{\mathrm{d}C_A}{\mathrm{d}z} + uC_A \right) \right|_{z} - \Delta z\, k_1 C_A = 0 \tag{11.6}$$

次に，各項を「入溜消出」に分類しよう．$(\quad)|_{z+\Delta z}$ が㊥出，$(\quad)|_z$ が㊥入，$\Delta z\, k_1 C_A$ が㊥消にそれぞれ対応している．㊥溜はないようだ．

(出)　　(入)　　(消)

$$-\left. \left(-E_z \frac{\mathrm{d}C_A}{\mathrm{d}z} + uC_A \right) \right|_{z+\Delta z} + \left. \left(-E_z \frac{\mathrm{d}C_A}{\mathrm{d}z} + uC_A \right) \right|_{z} - \Delta z\, k_1 C_A = 0 \tag{11.7}$$

そこで,「お小遣いの 5 万円どうなった？」の順番に並べ直す．

(入)　　(消)　　(出)

$$\left. \left(-E_z \frac{\mathrm{d}C_A}{\mathrm{d}z} + uC_A \right) \right|_{z} - \Delta z\, k_1 C_A = \left. \left(-E_z \frac{\mathrm{d}C_A}{\mathrm{d}z} + uC_A \right) \right|_{z+\Delta z} \tag{11.8}$$

仕上げに，反応管の断面積 S を全項に掛けると，

入 消 出

$$S\left(-E_z\frac{\mathrm{d}C_A}{\mathrm{d}z}+uC_A\right)\Bigg|_z-(S\Delta z)\,k_1C_A=S\left(-E_z\frac{\mathrm{d}C_A}{\mathrm{d}z}+uC_A\right)\Bigg|_{z+\Delta z} \tag{11.9}$$

$(S\,\Delta z)$ は微小体積［m^3］だ．その体積中で k_1C_A の反応速度で一次反応が起きている．

ここで，しばし悩む．

$$全質量流束=-D_A\frac{\mathrm{d}C_A}{\mathrm{d}z}+uC_A \tag{11.10}$$

のはずなのに，式（11.9）中では D_A に代わって E_z になっている．ジワジワ質量流束，すなわち拡散流束は濃度勾配に比例する．その比例定数が拡散係数 D_A．そうではなくて，管内の流れによって混ざる「混合拡散」という効果を表す項を新たに定義している．だから，私が悩まされるのは当たり前．先人が「混合拡散モデル」を提案したのだ．

$$混合拡散の流束\quad[\mathrm{kg/(m^2\,s)}]=-E_z\frac{\mathrm{d}C_A}{\mathrm{d}z} \tag{11.11}$$

混合拡散係数 E_z がゼロのときが「（コルク）栓流」，無限大のときが完全混合に相当する．

というわけで，逆境に耐えて逆行した．答えは次のとおり．

答え

管型の反応器に，線速度 u で成分 A を含む流体を流通させる．管内を流れながら，成分 A が一次反応を起こす．また，管の軸方向に混合拡散を考える．成分 A は半径方向に一様（均一）である．さらに，定常である．

2 階の微分形はジワジワ由来

逆解析の問題 その 2　丸棒型フィンの伝熱

次式は，どんな現象をどんな仮定のもとで定式化したのか？ **図 11.2** を参考にしなさい．

$$\frac{\mathrm{d}^2T}{\mathrm{d}z^2}=\frac{2h}{Rk}\,(T-T_a) \tag{11.12}$$

記号と単位の説明は以下のとおり．

T　温度［K］

z　丸棒の軸方向の距離［m］

h　熱伝達係数［J/(m^{2}sK)］

R　丸棒の半径［m］

k　丸棒の熱伝導度［J/(msK)］

T_a　周囲の温度［K］

式の各項の単位を点検したところ，両辺とも［K/m^2］でした．OK だ．

まず，微分表示を縦棒表示に変更する．

$$\frac{\mathrm{d}^2 T}{\mathrm{d}z^2} \Rightarrow \frac{\left.\frac{\mathrm{d}T}{\mathrm{d}z}\right|_{z+\Delta z} - \left.\frac{\mathrm{d}T}{\mathrm{d}z}\right|_{z}}{\Delta z} \tag{11.13}$$

これを式（11.12）に戻すと，

$$\frac{\left.\frac{\mathrm{d}T}{\mathrm{d}z}\right|_{z+\Delta z} - \left.\frac{\mathrm{d}T}{\mathrm{d}z}\right|_{z}}{\Delta z} = \frac{2h}{Rk}(T - T_a) \tag{11.14}$$

微小区間 Δz を両辺に掛けて，分母から Δz をなくすと，

$$\left.\frac{\mathrm{d}T}{\mathrm{d}z}\right|_{z+\Delta z} - \left.\frac{\mathrm{d}T}{\mathrm{d}z}\right|_{z} = \Delta z \frac{2h}{Rk}(T - T_a) \tag{11.15}$$

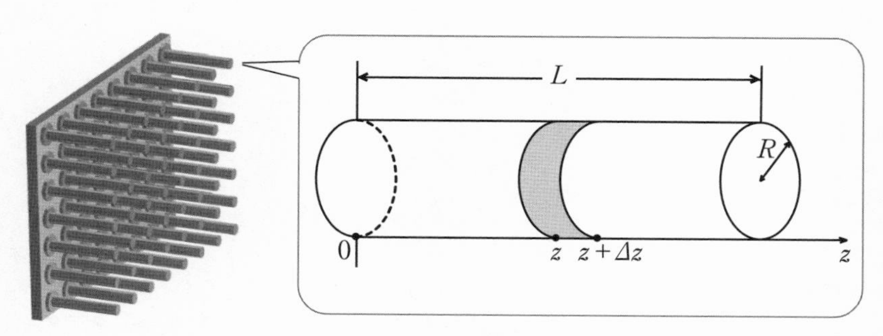

図 11.2　丸棒型フィンの伝熱

ヒートシンク（発熱する機械部品や電気部品から熱を逃がす部品）の一つに丸棒（ピン）型がある（ファインネクス（株）のウェブサイト（https://www.finecs.co.jp）より）．

右辺に熱伝導度 k がみえているので，左辺の温度勾配 dT/dz にくっつけたい．しかも，フーリエの法則に合わせるようにマイナスの符号もつけておきたい．
そこで，両辺に（$-k$）を掛けて，

$$-k\left(\left.\frac{\mathrm{d}T}{\mathrm{d}z}\right|_{z+\Delta z}-\left.\frac{\mathrm{d}T}{\mathrm{d}z}\right|_{z}\right)=-\Delta z\,\frac{2h}{R}(T-T_a) \tag{11.16}$$

k は定数だから，括弧の中に入れてもよい．

$$\left.\left(-k\,\frac{\mathrm{d}T}{\mathrm{d}z}\right)\right|_{z+\Delta z}-\left.\left(-k\,\frac{\mathrm{d}T}{\mathrm{d}z}\right)\right|_{z}=-\Delta z\,\frac{2h}{R}(T-T_a) \tag{11.17}$$

これで左辺にジワジワ熱流束が完成した．残る問題は右辺分母の R の存在だ．ジワジワ熱流束が通過するのは丸棒の軸方向だから，断面積は πR^2 だ．両辺に断面積を掛けてみよう．

$$\pi R^2\left[\left.\left(-k\,\frac{\mathrm{d}T}{\mathrm{d}z}\right)\right|_{z+\Delta z}-\left.\left(-k\,\frac{\mathrm{d}T}{\mathrm{d}z}\right)\right|_{z}\right]=-(\Delta z\,2\pi R)h(T-T_a) \tag{11.18}$$

$(\Delta z\,2\pi R)$ は，丸棒の微小区間での周囲との接触部分（「のり巻」**図 11.2**（b）のグレー部分）の面積である．そして，その後に続くのは次式で表される「ニュートンの冷却の法則」であると気づく．

$$\text{固体から周囲の流体への熱流束}\ [\mathrm{J/(m^2\,s)}] \propto (T-T_a) \tag{11.19}$$

ここで，T と T_a は，それぞれ固体（ここでは丸棒）の温度とその固体を取り囲む流体の温度である．この比例関係の比例定数を熱伝達係数 h［J/(m^{2}sK)］と呼んでいる．

$$\text{固体から周囲の流体への熱流束}\ [\mathrm{J/(m^2\,s)}] = h(T-T_a) \tag{11.20}$$

次に，各項を「入溜消出」に分類しよう．$(\ )|_{z+\Delta z}$ が㊉出，$(\ )|_z$ が㊉入，$h(T-T_a)$ が㊉消にそれぞれ対応している．㊉溜がないようだ．

　　　　出　　　　　　入　　　　　　　消

$$\pi R^2\left[\left.\left(-k\,\frac{\mathrm{d}T}{\mathrm{d}z}\right)\right|_{z+\Delta z}-\left.\left(-k\,\frac{\mathrm{d}T}{\mathrm{d}z}\right)\right|_{z}\right]=-(\Delta z\,2\pi R)h(T-T_a) \tag{11.21}$$

「お小遣いの 5 万円どうなった？」の順番に並べ直して，会社化学の念仏「入り溜まり，消して出る」を唱える．ここは「溜まり」がないので堪りません．

㊅入　　　㊅消　　　㊅出

$$\pi R^2\left(-k\frac{\mathrm{d}T}{\mathrm{d}z}\right)\Big|_z-(2\pi R\Delta z)\,h\,(T-T_a)=\pi R^2\left(-k\frac{\mathrm{d}T}{\mathrm{d}z}\right)\Big|_{z+\Delta z}\quad(11.22)$$

丸棒という固体の内部での伝熱だから，ジワジワ熱流束だけで，ドヤドヤ熱流束がないのは当然.

答え

金属板の熱を放熱するために，金属製の丸棒（半径 R）の形をしたフィンが多数本，板に取りつけられている．その一本を取り上げる．熱は丸棒の先へ伝わりながら，周囲の大気の温度 T_a との差に比例した流束で（ニュートンの冷却の法則に従って）逃げていく．丸棒の軸方向には温度の分布が生じる．一方，半径方向には温度は一様（均一）である．定常状態である.

ついでながら，周囲の温度 T_a が一定とみなせるとき，式（11.12）は，次のように変形できる.

$$\frac{\mathrm{d}^2(T-T_a)}{\mathrm{d}z^2}=\frac{2h}{Rk}(T-T_a)\quad(11.23)$$

$(T-T_a)$ を■，右辺の定数の塊 $2h/(Rk)$ を K とおくと，

$$\frac{\mathrm{d}^2\,■}{\mathrm{d}z^2}=K\,■\quad(11.24)$$

になる．第8章で登場した式（8.15）や第10章で解説した式（10.23）と同じ形である．よって，ハイパーボリックコサイン関数が解になる.

1 階の微分形はドヤドヤ由来

逆解析の問題 その3　管型反応器の熱収支

次式は，どんな現象を，どんな仮定のもとで定式化したのか？ **図 11.3** を参考にしなさい.

$$Su\,\rho\,C_{pm}\frac{\mathrm{d}T}{\mathrm{d}z}+S(-r_A)\Delta H_R=UA_h(T_s-T)\quad(11.25)$$

記号と単位の説明は以下のとおり.

S　　反応管の断面積［m^2］

u　　反応混合物の線速度［m/s］

ρ	反応混合物の密度［kg/m^3］
C_{pm}	平均比熱容量［J/(kg K)］
T	温度［K］
z	反応管の軸方向の距離［m］
r_A	成分 A の反応速度［mol/(m^3 s)］
ΔH_R	温度 T での反応熱［J/mol］
U	総括伝熱係数［J/(m^2 K s)］
A_h	反応器の単位長さあたりの伝熱面積［m^2/m］
T_s	外壁温度［K］

式の各項の単位を点検したところ，全項とも［J/(m s)］でした．OK.

記号が多くて不安な船出．怯まずに，「**微分方程式の解体のレシピ**」の手順に従おう．まず，微分表示を縦棒表示に変更する．

$$\frac{\mathrm{d}T}{\mathrm{d}z} \Rightarrow \frac{T|_{z+\Delta z} - T|_z}{\Delta z} \tag{11.26}$$

これを式（11.25）に戻すと，

$$Su\rho C_{pm}\frac{T|_{z+\Delta z} - T|_z}{\Delta z} + S(-r_A)\Delta H_R = UA_h(T_s - T) \tag{11.27}$$

全項に Δz を掛けて，分母から Δz を取り除く．

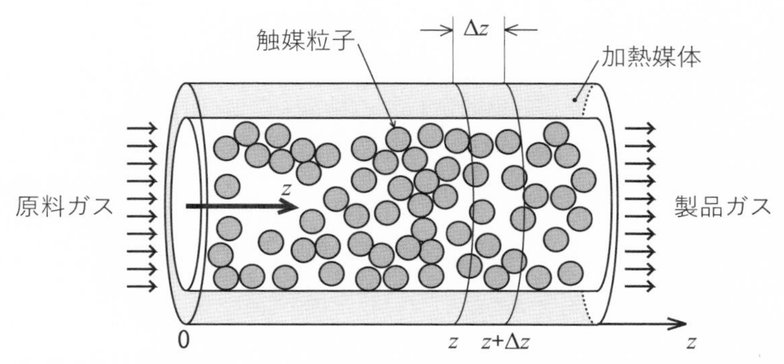

図 11.3　管型反応器の熱収支（橋本健治『改訂版 反応工学』(培風館，1993) の図 7.4 を改変）
触媒を充填した管型反応器に反応流体を流通させる．外壁から加熱して反応を促進させる．

$$Su\rho C_{pm}(T|_{z+\Delta z}-T|_z)+\Delta z\,S(-r_A)\Delta H_R=\Delta z\,UA_h(T_s-T) \qquad (11.28)$$

熱濃度（$\rho C_{pm}T$）[J/m^3] が左辺第1項に入っているので，括弧で括ろう．

$$Su[(\rho C_{pm}T)|_{z+\Delta z}-(\rho C_{pm}T)|_z]+S\Delta z(-r_A)\Delta H_R$$
$$=\Delta z\,UA_h(T_s-T) \qquad (11.29)$$

せっかくなら，線速度 u（定数）も括弧の中に入れ込むと，これはドヤドヤ熱流束 [$J/(m^2\,s)$] だ．ついでながら，ジワジワ熱流束の項はない．

$$S[(\rho C_{pm}Tu)|_{z+\Delta z}-(\rho C_{pm}Tu)|_z]+S\Delta z(-r_A)\Delta H_R$$
$$=\Delta z\,UA_h(T_s-T) \qquad (11.30)$$

ドヤドヤ熱流束（$\rho C_{pm}Tu$）に断面積 S [m^2] が掛かっているから，この段階で各項の単位は [J/s] である．

次に，各項を「入溜消出」に分類しよう．（　　）$|_{z+\Delta z}$ が㊥出，（　　）$|_z$ が㊥入となるが，残りが2項ある．㊥溜と㊥消で仲良く1つずつと思いきや，溜まっている様子がない．

ここで，ふと悩む．ΔH_R は反応熱で，$U(T_s-T)$ は加熱装置によって供給される熱流束だ．反応が進んで反応熱が発生して，そのままだと暴走しないほどに加熱装置を取りつけて反応を促進しているのだろう．

名探偵コ●ンなら「真実はいつもひとつ！」とつぶやく場面だ！ 仲間由●恵さんなら「まるっとするっとお見通しだ！」と叫ぶ場面だ（**図 11.4**）．

というわけで，**「入溜消出」の㊥消は2項からできていた．「消」の裏返しで「生」の要因が2つあったのだ．**ΔH_R は反応に伴うエンタルピー変化でのことで，製品の有するエンタルピーから原料の有するエンタルピーを引き算した値であるから，マイナスのときに発熱反応がある．そこで（$-\Delta H_R$）として生成する反応熱にしておく．

反応によって生成する熱　　[J/s]：$S\Delta z(-r_A)(-\Delta H_R)$　　(11.31)

加熱によって供給される熱　[J/s]：$\Delta z\,UA_h(T_s-T)$　　(11.32)

各項の内容を精査して分類しよう．

　　　㊥出　　　　　　　㊥入　　　　　　**㊥生 その1**

$$S[(\rho C_{pm}Tu)|_{z+\Delta z}-(\rho C_{pm}Tu)|_z]-S\Delta z(-r_A)(-\Delta H_R)$$

　　　㊥生 その2

$$=S\Delta z\,UA_h(T_s-T) \qquad (11.33)$$

図 11.4　名探偵コ●ンと仲間由●恵さんの謎解き共演

「お小遣いの5万円どうなった？」の順番に並べ直そう．念仏を唱えて，

㊇　**㊒ その1**　**㊒ その2**

$$S(\rho C_{pm}Tu)|_z + S\Delta z(-r_A)(-\Delta H_R) + S\Delta z\ UA_h(T_s - T)$$

㊉

$$= S(\rho C_{pm}Tu)|_{z+\Delta z} \tag{11.34}$$

答え

管型の反応器に，線速度 u で流体を流通させる．管内を流れながら，成分 A が反応を起こす．反応に伴って反応熱が発生する．さらに反応を加速するために管に加熱装置を巻いて熱を供給する．また，管の半径方向に温度は一様（均一）である．さらに，定常である．

おまけの章ではあったけれども，謎解きのようで，なかなか面白かった（自画自賛）．しかし，冷静に考えてみると，微分型の収支式をみて，空間座標について2階の微分形が入っていたら，「ははー，どこかでジワジワが起きているな」，1 階の微分形だけが入っていたら，「ははー，ジワジワよりドヤドヤが中心だな」と目星が立つ．そして，時間について 1 階の微分形があれば「非定常か」，なければ「定常か」とわかる．この章の冒頭の「微分方程式の解体のレシピ」を読み返してほしい．さらに，式に $1/r$ や $2/r$ が入っていたら，それぞれ円柱座標や球座標で場を解析しているとわかる．こういうふうに大雑把にしてしまうと面白くなくなる．

参考書の紹介

1）斎藤恭一（1994）．道具としての微分方程式―「みようみまね」で使ってみよう，講談社ブルーバックス．

2）斎藤恭一（2008）．数学で学ぶ化学工学 11 話，朝倉書店．

3）斎藤恭一（2012）．エンジニアのための化学工学入門，講談社サイエンティフィク．

4）斎藤恭一（2019）．道具としての微分方程式―偏微分編，講談社ブルーバックス．

5）(株)環境浄化研究所(編)，須郷高信(監修)，斎藤恭一(著)（2022）．トコトンやさしい吸着の本，日刊工業新聞社．

6）斎藤恭一（2022）．身のまわりの水のはなし，朝倉書店．

あとがき

化学会社で働く読者が，研究開発の過程で，新しいあるいは役立つ薬品や材料を生み出したとしよう．もちろん，既存品の新しいあるいは効率のよい製造法を考え出したとしてもよい．それを1人の人が1日に1g使うようになったとする．日本国民1億人の1％にあたる100万人が消費してくれると設定する．年間に必要な薬品や材料の重量を計算すると，

$$1\,\mathrm{g} \times 10^6\,人 \times 365\,日 = 3.65 \times 10^8\,\mathrm{g} = 3.65 \times 10^2\,トン$$

読者が働く会社には，毎年約400トンの製品を安定して供給する責務が生じる．1g 10円で売れるなら，

$$3.65 \times 10^8\,\mathrm{g} \times 10\,円 = 3.65 \times 10^9\,円$$

すなわち36億円の仕事である．その利益率を30％とすると，11億円の利益を会社にもたらすことになる．立派だ．

読者は量産のために「会社化学」を活用して，装置とプロセスの設計に参加する．そして「化学会社」に利益をもたらす．そうでないと，給料がもらえない，研究開発も止められてしまう．やりがいもなくなってしまう．だから，深刻にならずに真剣に「会社化学」を学ぶのは得策だと私は思う．

「会社化学」の基礎的事項はこの本で十分だと確信している．この基本の上に，装置の設計，操作や運転の最適化などの仕事が載ってくる．私は大学にいて，「会社化学」を教えてきたが，ついに，自分で設計した装置はない．「化学会社」に所属して「会社化学」を活用できる読者がうらやましい．会社も個人も稼いで，税金を納めて，社会に貢献できる．「会社化学」の方向性から始まって，方法論，さらに精神論となり，最後は税金の話で終わってしまった．

索　　引

サ行

タ行

ナ行

ハ行

マ行

ヤ行

ラ行

著者略歴

斎藤恭一（さいとう きょういち）

1953年　埼玉県生まれ
1977年　早稲田大学理工学部応用化学科卒業
1982年　東京大学大学院工学系研究科化学工学専攻博士課程修了
　　　　東京大学工学部助手，講師，助教授
　　　　千葉大学工学部助教授，教授を経て
現　在　早稲田大学理工学術院客員教授
　　　　千葉大学名誉教授

〈著書〉
『数学で学ぶ化学工学11話』（朝倉書店，2008）
『グラフト重合による高分子吸着材革命』（丸善出版，2014，共著）
『書ける！ 理系英語 例文77』（朝倉書店，2015，共著）
『アブストラクトで学ぶ 理系英語 構造図解50』（朝倉書店，2017，共著）
『道具としての微分方程式　偏微分編』（講談社ブルーバックス，2019）
『大学教授が，「研究だけ」していると思ったら，大間違いだ！』（イースト・プレス，2020）
『トコトンやさしい吸着の本』（日刊工業新聞社，2022）
『身のまわりの水のはなし』（朝倉書店，2022）

社会人のための化学工学入門
—大学化学から会社化学へ—
定価はカバーに表示

2022年10月1日　初版第1刷

著　者　斎　藤　恭　一
発行者　朝　倉　誠　造
発行所　株式会社　朝　倉　書　店
東京都新宿区新小川町6-29
郵便番号　162-8707
電　話　03（3260）0141
FAX　03（3260）0180
https://www.asakura.co.jp

〈検印省略〉

教文堂・渡辺製本

ISBN 978-4-254-25046-6　C 3058　Printed in Japan